U0550326

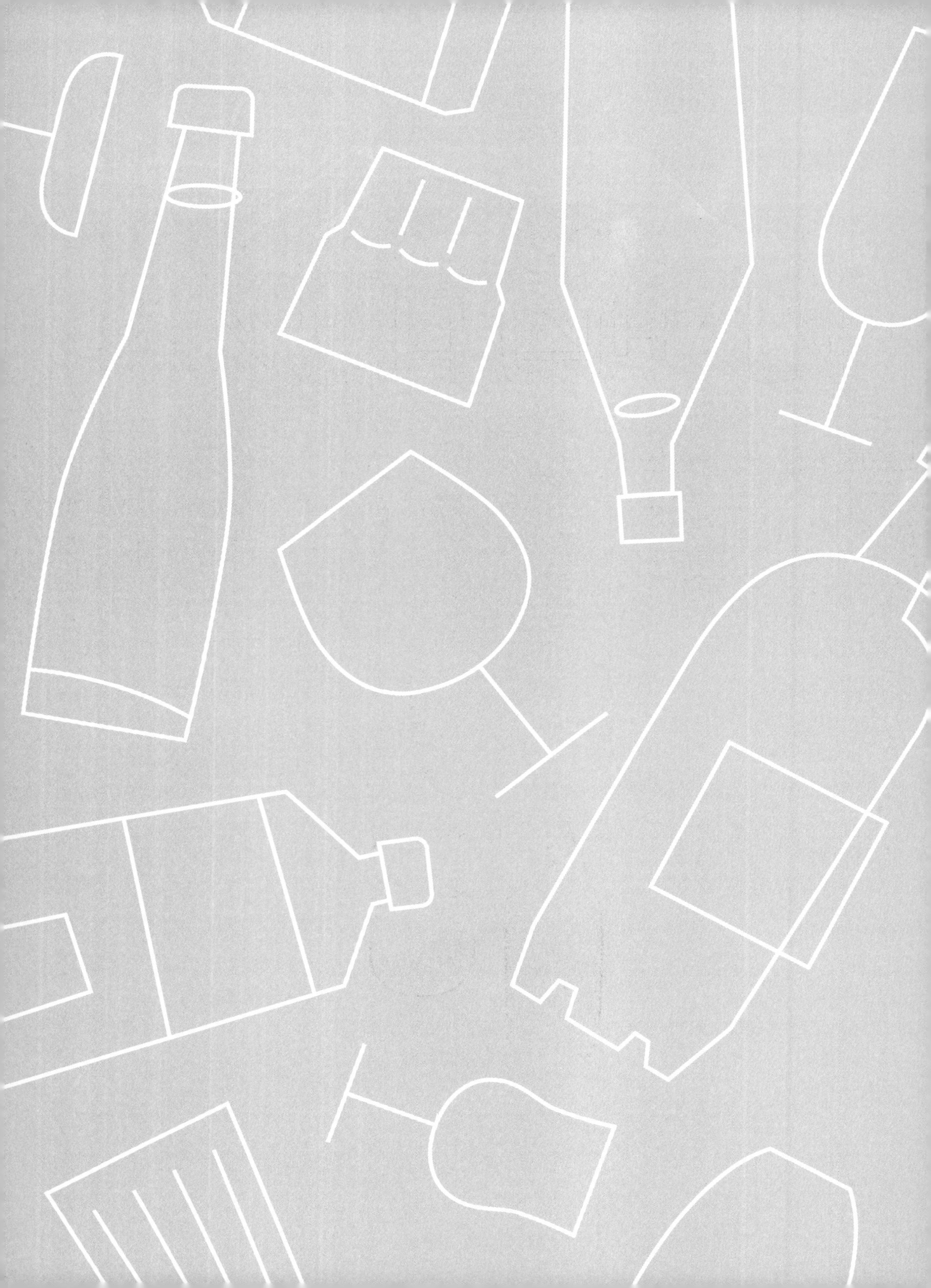

你喝的水
其實很有戲

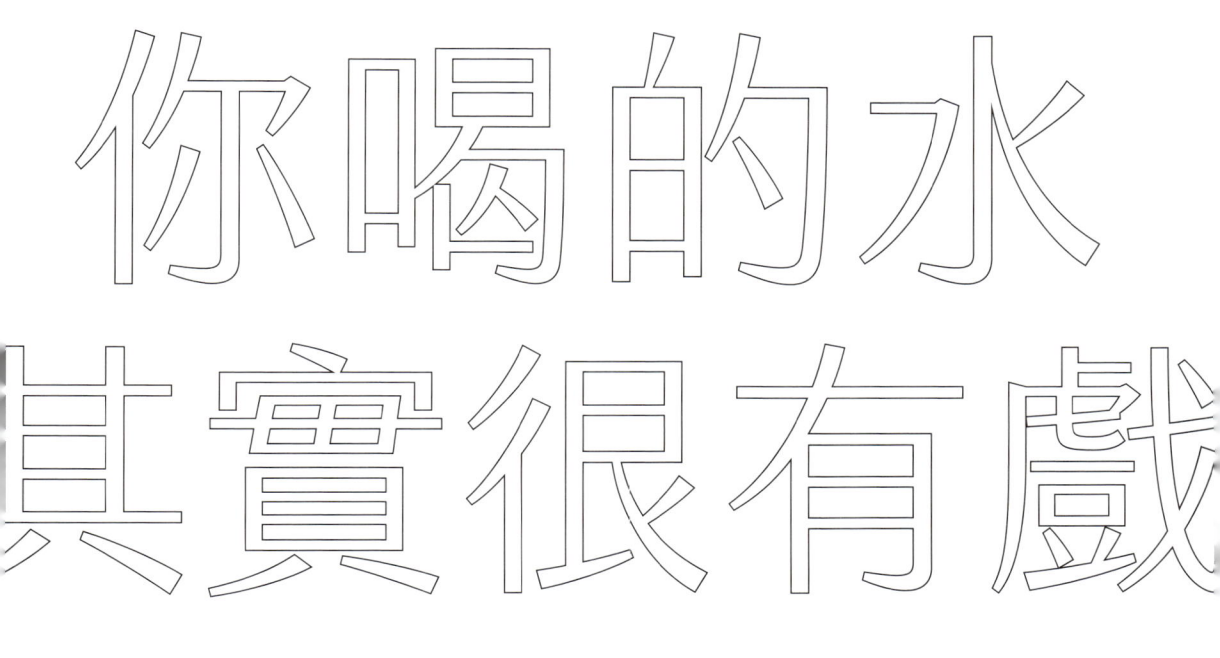

THE WATER

！

SOMMELIER

推薦序

跟著本書，一起踏上水的探索之旅

水是我們生存的必需品！這一珍貴資源往往得不到應有的重視。在德國，我們習以為常地認為水隨時可得，可以放心地直接飲用自來水。此外，超市還提供種類繁多的礦泉水、山泉水和療癒之水（Medicinal Waters）。

然而，在世界上的許多地區，如此豐富的「好」水並非理所當然。在那裡，人們無法直接飲用自來水，也沒有超市能提供各式各樣的瓶裝水。更令人擔憂的是，許多地方甚至無法獲得乾淨且安全的飲用水，導致嚴重的疾病甚至死亡。

因此，我們應該更加重視「水」這寶貴資源！提升我們對水的珍惜，關注威脅水質的問題並採取行動，並探索水的多種面向。早在 2008 年，我便開始深入研究這一令人著迷的元素。對於像我這樣的食品化學家來說，H_2O 這種簡單的無機分子本應是一個枯燥的課題，但事實恰恰相反。這個分子擁有許多令人驚嘆的特性和奧秘，即便對自然科學家而言也是如此。

2011 年，我在德國慕尼黑推出了品水師課程，目前該課程已提供四種語言版本（中文、英文、德文和西班牙文）。至今，每一位學員在課程結束時都對這個主題充滿熱情，完全沒想到水竟然能如此有趣。而我自己每天仍在不斷學習，發現這一元素的新奇之處。

了解水的重要性、健康益處以及感官特性，有助於提升人們對這一珍貴資源的認識。因此，我們需要「推廣優質水大使Ambassadors for Good Water」，這些人不僅熟悉這個領域，還對水充滿熱愛。本書的兩位作者—夏豪均博士（Dr. Howard Hsia）和吳侑諭女士（Yvonne Wu），在水領域擁有多年深入研究的經驗。他們在台灣建立了一個極為成功的品水師證照課程，成效卓著。將這些知識整理成書，對於將這份專業傳播到世界各地至關重要。

水不僅僅是解渴的飲品，更是健康、幸福與活力的來源。但這個看似簡單的元素背後，究竟蘊藏著什麼樣的奧秘呢？

我誠摯邀請您透過本書踏上探索之旅，深入了解水的多重面向。我相信，閱讀完這本書後，您將對「水」這一最重要的元素有全新的認識！每當您啜飲一口水，都會思考這水的來源、它可能帶來的健康價值，以及它的口感與風味！

Dr. Peter Schropp
杜門斯學院品水師課程　創辦人
國際品水師協會　執行長

Discovering the Wonders of Water

Water is essential for our survival! And yet there is very often a lack of appreciation for this valuable resource. Here in my home country of Germany, we take it for granted that water is always available and that we can drink water from the tap without hesitation. We also have a huge and varied range of different mineral waters, spring waters and medicinal waters in our beverage stores. Unfortunately, such a range of "good" water is anything but a matter of course in many other regions of the world. You can't drink tap water there, nor are there supermarkets with a wide range of bottled water. And in many regions, people do not even have access to clean and save drinking water, resulting in serious illnesses and even deaths.

It is therefore time to take a closer look at this valuable resource! To increase our appreciation of water, to highlight the threats to water quality and take action against them and to discover the many different aspects of water. I set out back in 2008 to take a closer look at this fascinating element. For a food chemist like me, a simple inorganic molecule like H_2O should actually be a boring subject. But far from it! This molecule has many fascinating secrets and properties, even for a natural scientist. In 2011, we launched our water sommelier courses here in Munich, which are now offered in four different languages. And so far, every participant has been thrilled at the end of the course and could never have imagined how exciting this subject can be. And I still learn new and fascinating things about this element every day.

Knowledge about the importance, health benefits and sensory properties of water is important in order to increase the appreciation of this valuable commodity. This requires "ambassadors for good water" who are familiar with this subject and also have a passion for water. The two authors of this book, Dr. Howard Hsiah and Yvonne Wu, have many years of intensive experience with water and mineral water. They have set up an extremely successful water sommelier course in Taiwan that is second to none. Writing down this knowledge in the form of a book is incredibly important in order to spread this knowledge around the world.

Water is not just a thirst quencher, but rather a source of health, well-being and vitality. But what is really behind this seemingly simple element?

I cordially invite you to go on a journey of discovery with this book and immerse yourself in the many facets of water! And I am sure that after reading this book, you will be much more aware of our most important element "water"! And with every sip of water you enjoy, you will think about where this water comes from, what health value this water could have and what nuances of taste and mouthfeel this water has!

Dr. Peter Schropp

Founder of the Water Sommelier Program, Doemens Academy
Managing Director of the Water Sommelier Union

推薦序

「水」與「風味」之間的祕密

　　看似平淡無奇且單純的「水」卻一點也不簡單。它不僅是人類生命中最不可或缺的元素之一，更是餐桌上必不可少的關鍵要角。在餐飲文化的歷史長流之中，餐酒搭配的存在已極為悠久；全球近年來對於無酒精飲品搭餐的熱度是風起雲湧，其中無酒精飲調、脫醇葡萄酒、精品果汁、單品咖啡、茶品及氣泡茶的需求更是與日俱增。

　　然而在這些琳琅滿目的飲品當中，一個最無聲卻有著舉足輕重的身影總算慢慢浮現到餐飲視角的目光中。「水」是眾多飲料的基石，也之所以它的品質能左右最終成品的美味度。不僅如此，當它單獨存在的時候也能將我們的味蕾帶向全然不同的世界。

　　以往餐酒搭配是「食」與「飲」兩造之間的關係，然而在中間清口同時，一款水的「風味」卻能擺佈我們對於這組餐酒搭配的感官認知。因次，一場舌尖上完美的盛宴需要「食－飲－水」三方面如水乳交融般的交織才能成就。

　　一場令人回味無窮的饗宴往往需要烈酒為其畫龍點睛。除純飲之外，饕客多少會添水稀釋以綻放其風味。這時，一款能襯托出烈酒特色，甚至能將它提升至另一境界的礦泉水，就成了這畫龍點睛的點睛之筆！

　　性格低調內斂且與世無爭的「水」，有著靜待我們去探索那無邊無際的內涵。《你喝的水其實很有戲！》這本書將會為我們指出一盞前所未有的明燈。

蕭希辰
ASI 國際侍酒師協會 教育及認證委員會委員
米其林星級餐廳侍酒師

一口水中蘊含的深意

水，看似純粹無味，卻藏著無限可能。
本書帶你從日常的一杯水出發，學習如何細品水的質地、風味與層次，
感受水與環境、文化、生活方式的緊密聯繫。
就如同京都料理透過湯豆腐展現細膩的飲食哲學，
水也能成為認識世界的一扇窗。讓我們放慢步調，
從一口水開始，體驗純粹中的深意。

黎俞君
米其林一星「鹽之華」餐廳主廚

透過品水，
讓飲食體驗更加精采！

　　水有味道嗎？無色無臭、透明澄澈的水，竟然也能像酒、咖啡、茶一樣做品評？我原本和各位一樣，對品水感到狐疑，直到認識了Howard與Yvonne，我才明白，水也是一座風味的大千世界。我曾參加「開平學苑」茶品評初級課程，課堂當中有Yvonne講授的品水入門，那一次震撼地理解到水能有酸甜苦鹹，分輕重軟硬，區辨其中差異無疑是對味蕾的考驗，但深入瞭解水的知識後，對於茶、咖啡或其他飲品都有進階幫助，日常飲食更有心得：我懂得選出我喜歡的水了！

　　這本《你喝的水其實很有戲！》不僅帶領我們深入了解水的風土與成分，更提供實用的方法與技巧，讓品水不再神祕而變得貼近生活。推薦這本書給每一位對飲食、對生活品味有追求的人，從喝水開始，你的飲食體驗將更加豐富多彩。

Liz 高琹雯
Taster 美食加創辦人

作者序

水不僅是生命之源，更帶我們品味人生

好奇心往往是開啟新旅程的關鍵，而我對水的探索正是如此。一路走來，我深刻體會到，看似平凡無奇的水，其實蘊藏著無限的學問與價值。

這趟旅程的起點，要從開平餐飲學校談起。學校具備前瞻視野，願意支持我們兩位老師遠赴德國，學習品水的專業知識。這次的經費與時間投入，讓我們得以將世界前端的餐飲趨勢帶回台灣，並為本地的發展注入新的可能性。

經過一年的等待，我終於在2017年前往德國受訓。第一天踏入教室時，厚厚的講義與七項認證考試映入眼簾，這才驚覺這不是一場輕鬆的研習營，而是一門嚴謹的專業訓練。但既然選擇踏上這條路，我便下定決心全力以赴，最終也很榮幸能以品評最高分完成訓練。

就在那一刻，我萌生了一個想法：身為餐飲教育者，應將這樣的專業知識帶回台灣，讓更多人認識品水的價值。然而，當時台灣侍酒文化仍在發展階段，品水的概念更顯得遙遠。即便如此，我依然選擇嘗試，因為我相信，水的專業不應該只是少數人的知識，而是能提升生活品質的重要元素。

回台後，僅花了短短兩個月，便籌備並推出「品水生活」課程，一年後更與德國母校杜門斯學院合作，開設「開平品水師國際證照」中文學程，希望能讓品水的專業推廣至全球。

許多人起初抱持觀望態度，甚至質疑：「水不就是水嗎？」再加上課程費用不低，讓不少人卻步。然而，我們始終堅持不懈，在努力之下成功培育出一批專業品水師，使台灣成為全球品水師最密集的地區。這樣的成就，不僅證明了這門專業的價值，也讓更多人開始重新思考水的角色。

如今，我決定將這段旅程化為文字，透過這本書，讓更多人了解水的專業與品味的重要性。就如同侍酒師透過專業知識與服務，為顧客帶來極致的餐酒體驗，品水師的角色也是如此——我們研究水的風味與搭配，傳遞其價值，幫助人們發現水中的細節與奧妙。這不僅關乎知識的學習，更是一種生活態度的提升。

然而，取得品水師認證只是入行的門檻，真正的專業則取決於個人的實力與持續精進。正如侍酒師需要不斷鑽研葡萄酒，品水師同樣需要深耕於水的領域，才能達到頂尖水準。 如今我很感謝業界與我們的學生對於我們專業上的認同，但我們還是以謙虛的心，以台灣首位品水師的角色，為台灣餐飲業盡一份力。

　　透過這本書，我希望讓大家認識品水的專業，理解水的故事，並學會如何在日常生活中提升對水的品味與享受。水不僅是生命之源，更是我們品味人生的重要元素。願這本書能帶領讀者踏上一場探索水的旅程，開啟全新的感官體驗。

品水師　夏嘉鴻　博士

作者序

品水師，改變我一生的旅程

我從未想過，有一天會這樣介紹自己——

「大家好，我是吳侑諭 Yvonne，我是一位品水師。」

這段旅程始於一連串的偶然，我成為台灣第一位品水師。

2017 年，當我取得品水師證照時，滿懷熱情地投入推廣，卻發現這條路比想像中艱難。大多數人聽到「品水師」這個詞，滿臉疑惑：「水不都一樣嗎？」無論是與水廠商交流、對學員授課，甚至面對同行的質疑，我總是被反覆問著：「品水師到底是做什麼的？」甚至連親朋好友都充滿好奇地問：「為什麼花那麼多錢去學水？」

一次次的質疑與挫折，讓我曾動搖，甚至想過放棄。然而，Howard 的一句話點醒了我——「正因為大家對水不了解，我們更要去推廣水的重要性。」

於是，從 2018 年起，我們開始在開平學苑開設品水生活課程，走進校園，每個月在不同學校演講，向大眾傳遞水的知識。我們更與德國杜門斯學院（Doemens Academy）合作，將國際品水師證照課程帶入台灣。這條路看似順遂，實則步步艱辛，每一次突破，都是披荊斬棘的結果。

直到 2022 年，我赴德國參加品水師協會（Water Sommelier Union）年度大會。當我自我介紹時，來自世界各地的品水師驚訝地說：「原來妳就是來自台灣的 Yvonne！」他們充滿好奇地詢問，台灣究竟是如何推廣品水教育，成為全球品水師最密集的地區。當來自世界各地的品水師在會議上為我們的成就鼓掌時，我的心中激動萬分——我們的努力，終於被世界看見。

回首這八年，我體悟到，品水師不只是一張證照，而是一場終身學習的旅程。

「台上一分鐘，台下十年功。」品水師的培訓雖然只有短短九天，但這些年來，我的學習與探索從未停歇。更重要的是，我的使命已不僅是「成為品水師」，而是讓更多人真正理解水、選擇適合自己的水，並了解自己喝進去的每一滴水，因為「水」與我們的生活密不可分。

這本書，是我的故事，也是認識品水的開始。

希望當您翻閱它時，也能和我一樣，開始真正認識「水」的價值。

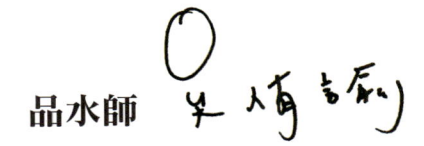

品水師　吳倩誼

CONTENTS

推薦序 … 002
作者序 … 006

INTRO.
喝水，不僅是為了「解渴」而已！

我在世界廚師大會上看見的「水」趨勢 … 016
來自德國百年釀啤酒學校的「品水學」 … 018
只是選的水不一樣，就能夠改變我們的健康與生活 … 022
從醫生、營養師到咖啡師都在學！結合科學與實務的品水課 … 024
Column 你知道要喝水，但你知道要喝多少水嗎 … 026

CHAPTER 1 水之識
品水，就從認識我們每天喝的水開始

你知道我們喝的水，都是從哪裡來的嗎？ … 030
台灣的「自來水」，其實是可供生飲的飲用水 … 032
不是每罐瓶裝水，都有資格稱為「礦泉水」 … 036
Column 氣泡水也有「天然」和「加工」的分別 … 041
超市裡的水，有九成以上都是「純水」 … 042
避免落入「台式山泉水」的迷思陷阱 … 044
Column 揭開水的真面目！看懂市售水的商品標籤 … 046

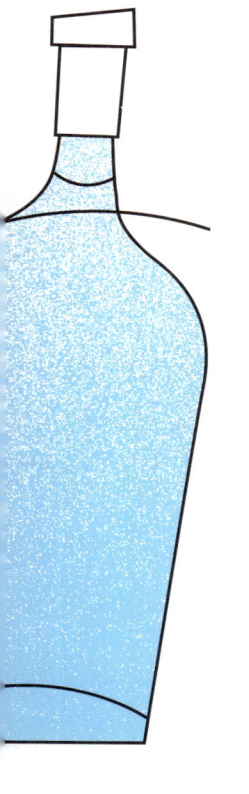

CHAPTER 2 水之味
跟著品水師，一起解開水的風味密碼

從礦泉水的形成，告訴你「水的風味」是什麼？ … 050
- 岩層：水的風味，就是凡「流過」必留下的痕跡 … 050
- 水文：取自同一座山脈的水，也有可能完全不同 … 054
- 取水：從水源地到消費者手中的層層關卡 … 055

Column 隱身山林的神祕小房間 —— 水源地的保護 … 057

有沒有哪些水，讓你覺得特別好喝？揭密水中礦物質 … 058
水的「軟硬度」與「水質好壞」無關 … 066
品水時，你一定要知道的「TDS值」… 068
為什麼有濃湯感的水，也有清湯感的水？ … 070

Column 以歐洲為開端，水的療癒小史 … 072

CHAPTER 3 水之品
從日常生活中開始的品水練習

什麼是「品」？一門用五感探索的課程 … 076
透過日常的練習，加強感官品評的基本功 … 078
感官是品水時最重要的資料庫 … 082

視覺 … 082　　聽覺 … 084
嗅覺 … 085　　味覺 … 090
觸覺 … 092

品評設計的四大關鍵要點 … 094
開始品水前，要先做好的基礎準備 … 096
怎麼開始「品」？看、聞、品嚐的重點 … 100
為每支水留下紀錄！增加經驗值的「品水筆記」… 104

CHAPTER

4 水之饕餮
讓餐飲體驗加倍提升的飲水風味學

餐桌上的那杯水，可以讓你的餐點更津津有味 ⋯ 110
精緻的餐飲體驗，來自「味道」和「風味」的堆疊 ⋯ 112
從剛剛好的鹹到死鹹？影響用餐愉悅度的「單一味道」 ⋯ 116
這餐，來點驚喜感吧！從「味道組合」創造餐飲體驗 ⋯ 120
搭對水，一切都變美味了！餐水搭配的基礎原則 ⋯ 124
以「西餐」搭水：味道之外，料理輕重也是關鍵 ⋯ 128
輕食（開胃小點、前菜、沙拉）⋯ 129
主菜 ⋯ 130　　甜點 ⋯ 131
以「飲品」搭水：發揮各自的風味特色 ⋯ 132
酒（白葡萄酒、紅葡萄酒、威士忌）⋯ 133
茶（不發酵茶、部分發酵茶、全發酵茶）⋯ 135
咖啡 ⋯ 136

Column 品水師才知道！「加水更好吃」的料理升級法 ⋯ 137

CHAPTER

5 水之魅力
從國際水品牌故事，看見水的更多風貌

每支水的起源，都是值得紀錄的故事 ⋯ 142
到米其林餐廳點一支國王御用水！
　　──── 法國夏特丹Chateldon天然氣泡水 ⋯ 144
來自最美寶島，珍稀火山岩千年水
　　──── 台灣巴部農Babulong天然鹼性礦泉水 ⋯ 146
全球第一瓶榮獲「碳中和」認證的礦泉水
　　──── 紐西蘭安蒂波斯迪Antipodes礦泉水 ⋯ 148
為了撈起那一口，不惜搭破冰船來到世界盡頭
　　──── 挪威斯瓦芭蒂Svalbardi北極冰山水 ⋯ 152

Column 美得驚豔！日本學者眼中的水雪花 ⋯ 156

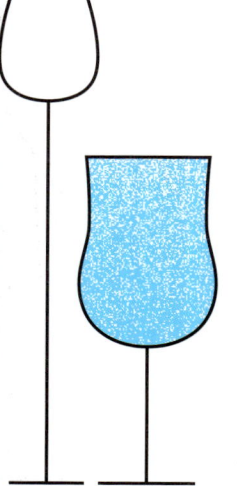

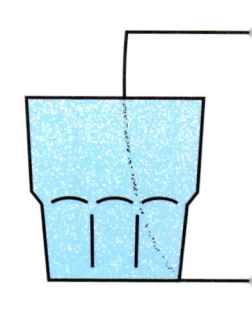

CHAPTER 6 水之師
品水師的角色與專業發展

你會和外國人形容「養樂多」風味嗎？
──────品水師的角色本質與職能提升 … 160
取得百萬年薪的入場券：品水師的職涯發展 … 162
如果你也想成為品水師：國際品水課程與特色 … 164
水世界的年度盛事：水的指標性評鑑與競賽 … 168
  Column 我們成為品水師後的改變 … 178

CHAPTER 7 水之惑
解答最多人問我的「水」迷思

市面上的瓶裝水都是礦泉水嗎？ … 184
好水的定義是什麼？ … 185
礦泉水有效期嗎？沒喝完如何保存？ … 186
TDS越高代表水中雜質越多？ … 187
長期喝硬水會造成結石？ … 187
常喝鹼性水，身體會變鹼性嗎？ … 188
為什麼嬰兒不能喝礦泉水？ … 188
口渴時再喝水就好？ … 189
你知道所謂的「療癒之水（Heilwasser）」嗎？ … 190
有天然的氣泡水嗎？ … 191
為什麼礦泉水價差這麼大？越貴的水越好喝嗎？ … 192
礦泉水限量銷售是飢餓行銷嗎？ … 193
品水師都有天生敏銳的味覺嗎？ … 194
品水師真的有百萬年薪嗎？ … 194
品水不能用電子感官系統來進行嗎？ … 195
地球上70%都是水，還需要擔心缺水嗎？ … 196
  Column 如何挑選淨水器？ … 197

致謝辭 … 202
參考文獻 … 204

INTRO.

喝水，不僅是為了「解渴」而已！

The
Water
Sommelier

我在世界廚師大會上看見的「水」趨勢

在感官品評中,「品水」是近年來才開始受到熱烈討論的主題,儘管如此,它崛起的速度卻不容小覷,國際上越來越多人投入大量心力進行相關研究與探討。就我們所知,我們算是很早期就開始投入研究品水,如果將時間拉回我們對「水」產生興趣的緣起,已經要回溯到十年前的一次餐飲體驗。

2015年,我們造訪泰國一間米其林餐廳,至今,我們仍然對翻閱菜單時的那份訝異記憶猶新。原因不在於料理,而是其精細的飲品搭配選項,即使放到現在來看也絕不失色,更何況在當時的時空背景,就我們的了解,台灣餐廳在飲品搭配上還沒有這麼多選擇,米其林評鑑系統也尚未進入台灣。

這家餐廳的菜單上,飲品選擇不僅包含紅白酒、雞尾酒和茶,還細分為新舊世界酒款、含酒精與無酒精雞尾酒等,每一類飲品搭配的背後,都蘊含廚師或飲品專家想傳遞的訊息,深度與廣度超越了一般餐廳的範疇,充分展現了飲品與餐點融合的可能性。也因為這次的經驗,讓我們重新思考「餐飲」中「飲」的重要性。

後來,在2016年的「世界廚師聯合大會(WorldChef Congress 2016)」,當時Howard代表開平餐飲學校與會,因此有機會和國際間的廚師們交流餐飲趨勢的變化,其中有個探討音樂、聲響,也就是「聽覺」如何左右味道感知的講座,在講座上,同桌廚師們討論到其他元素對餐飲的影響時,恰巧提到了「水」,只是隨口提起的話題,沒想到大家紛紛表示共鳴!不管是以水搭配餐點的「水搭餐」,還是將水加入料理中的「水入菜」,水在餐飲體驗上絕對是不可忽視的角色。

人類的飲食歷程隨著經濟發展不斷進化,從最初的溫飽到追求美味,進而重視創新與健康。在這些演變中,飲品逐漸成為提升餐飲體驗的關鍵,而「水」的角色也越發重要。

無論是作為飲品本身，還是運用在料理與飲品的製作中，水都能深刻影響味道與風味。例如，烹調中使用不同水質，可能改變料理的口感；在沖泡飲品時的水質也會帶來不同的變化；而飲用紅酒時，旁邊那杯水的選擇，也能左右紅酒風味的呈現。這些討論和研究是很細緻的，也在國際上越來越受矚目。

　　如果說在一間餐廳當中，廚師是烹調食材的專家，我們認為品水師就是飲品專家（在未來的趨勢中，品水師、品酒師、品茶師的界線或許不再壁壘分明，最終都會走向飲品專家這個角色），一個主內，一個主外，雙方透過感官品評的訓練，可以從專業的角度一起探討、發想、研究，共創極致的餐飲體驗。

　　基於長期投身於餐飲教育，加上到訪泰國米其林餐廳、參加世界廚師聯合大會的經驗，讓我們深刻意識到，「水」很可能是餐飲界的新趨勢，我們已經來到「餐、飲並重」的時代了。

▲ 水不只是很好的溶解劑，也是各種飲料的基底。

來自德國百年釀啤酒學校的「品水學」

決定對水進行更深入的研究之後，我邀請了具備法律專長、對健康與營養學很感興趣的 Yvonne 老師一起合作，希望未來能有機會把所學共同傳授給他人。為了對水有更全面的了解，我們開始上網遍尋各國和「水」有關的課程，結果發現，即使放眼國際，大家對「水」都還是一知半解，在當時，網路上關於水的課程資訊還非常少，最後只找到三個單位，分別位於日本、義大利、德國。

最終，在課程系統性、細緻度、資訊透明度以及教學語言等綜合考量下，我們捨棄了義大利和日本，決定報名「德國杜門斯學院（Doemens Academy）」的品水課程。

德國杜門斯學院是一間有著百年歷史、專門研究啤酒釀造的學校，所以有釀製的背景，也有相關的科學研究成果，而負責品水課程的 Peter Schropp 博士教授是一位食品科學博士，在德國杜門斯學院已服務多年。

Peter 博士開始研究水的原因，是源自於發現釀啤酒的過程中，不同的水，對啤酒的風味、質地、口感影響也不同，但是沒有人知道為什麼，為了解開這個謎團，Peter 博士一心一意地、花費長達十幾年的時間研究。直到 2011 年，Peter 博士已經累積不少研究成果，開設了

▲ 德國杜門斯學院擁有百年的悠久歷史。

第一屆的「德文版品水師證照課程」，迴響超乎預期地熱烈，也因此才有了後來的「英文版」的品水師證照課程。我們認為這和其歷史脈絡有關，因為德國不僅是啤酒釀製大國，也是礦泉水生產大國。

不過話雖如此，即使基於多重考量，杜門斯學院的課程對我們而言都是最好的選擇，我們還是有些忐忑，畢竟報名費用實在不低，甚至讓我們一度猶豫「真的要花這麼多錢去學『水』」嗎？」

更沒想到的是，就在我們好不容易下定決心，寫信向對方詢問更多細節後，收到我們 E-mail 的老師 Peter Schropp 博士，雖然細心提供了進一步的說明，同時卻也遺憾地表示，我們寄信當天，正是杜門斯學院「英文版品水課程」第一屆的第一天，所以雖然歡迎我們報名，還是得等到明年，也就是 2017 年，我們才能正式前往德國上課。天哪，真是太讓人扼腕了！

後來又過了半年，德國方完全無消無息，也沒有要求繳交報名費，這讓我們又開始擔心 2017 年的課開得成嗎？畢竟「品水」在當時是非常冷門的主題。但 Peter Schropp 博士依然安撫我們不必擔心，可以開始安排機票和住宿地點。雖然感覺惴惴不安，我們還是硬著頭皮，把機票住宿都打點好，最後，直到上課前一個月，我們才被通知要繳交報名費。現在回想起來，從搜尋學校資訊直到終於得以前往德國的過程，著實令人難忘。

德國杜門斯學院提供的是為期兩週的課程，第一天上課，課本一發下，我們就嚇了一大跳！那課本厚厚一疊，非常非常厚，我們立刻意識到這不是普通的研習課程，知識點多到超出想像！

▲ 水的知識點之多，充滿無窮的樂趣。

INTRO.　喝水，不僅是為了「解渴」而已！

當時我們參加的是第二屆「英文版」品水師證照課程，一屆課程只提供十八個名額。在出發之前，我們就耳聞第一屆課程的反應非常熱烈，也讓我們非常好奇，「水」這麼小眾的主題，除了像我們這樣投身餐飲教育領域的人之外，究竟會是誰來參加呢？

　　其中有幾位同學令我們印象深刻。例如，有位同學來自英國最大礦泉水零售商，有著十多年的產業工作經歷，對許多礦泉水如數家珍；還有來自土耳其的著名美食家，甚至臺灣政府也曾經邀請她來臺推廣茶葉；以及曾擔任知名品牌礦泉水廠的廠長，他年屆六十依舊好學。除此之外，課程中可以說是網羅各個領域的專家，包含羅馬尼亞餐飲教學機構的負責人、全世界極少數的葡萄酒大師（Master of Wine）、啤酒精釀師、銀行經理、律師、興趣人士等。

　　也因為學員來自各方專業，上課時，老師的教學內容以科學理論為主，有些同學消化得很快，但也有些人希望多舉些範例，當有人不太理解時，其他的學員就會分享、交流他們的專業和經驗，例如，當課程談到「如何找水源地」時，那位前水廠廠長就分享了當初他尋找水源地的寶貴經驗。

　　課程中不但有嚴謹的科學依據，知識也非常深入，加上來自各方專業的學員經驗分享，我們獲得了兼具學術與實務層面的知識，對水有了更廣闊、更全面的認識。在我們順利完課，並考取品水師證照後，心中「來推廣水吧！」的想法也逐漸醞釀成熟。

▲ 參觀德國瓶裝水量販店，水的種類多到讓人驚豔。

INTRO. 喝水，不僅是為了「解渴」而已！

只是選的水不一樣，
就能夠改變我們的健康與生活

品水師，是了解水的特性，以及知道如何將水的亮點，在生活中、尤其是餐飲應用上發揮到最大的一群人。或許你會疑惑，品水難道不是很主觀的嗎？事實上，水的品評是有其科學依據的，就像葡萄酒一樣，水也有其風土條件，加上其中的礦物質組成，就能夠造就出獨一無二的水，水中的味道、口感從何而來，又有何不同，都有其來由，而不是單純僅憑感覺。這也是在這本書中，我們希望與大家分享的品水概念。

不知道你是否也有過這些疑惑，台灣的水品牌非常多，比如，純水和礦泉水，有什麼差別？瓶裝水商品標籤上的數值、成分等，背後代表的意義是什麼？有的水一瓶十幾、二十幾塊錢，有些水一瓶卻要價兩、三百塊，為什麼？在這麼多的選擇中，如何「挑出適合自己的水」其實是一門功夫。因為每個人喜歡的口感不一樣，每個人的經濟能力也不太一樣，因此，我們希望教會大家的是「選水的能力」，換句話說──「我們希望每個人到便利商店打開冰箱的時候，都能清楚知道要拿哪一瓶水。」

身為餐飲教育領域的教師，我們也發現，現在學生喝的飲料往往比水多，老實說，過去我的生活也總是離不開咖啡和茶。但是，當我們水喝得不夠時，不只是耐力、意志力、思考力，甚至身體各方面機能表現都會下降，尤其現代人很少定時定量喝水，往往是非常口渴時才喝水。

其實，水是會影響我們的身心靈的，體內水分的狀態，不只會左右我們的身體健康，也會影響我們當下的心理狀態，包含情緒與思考。所以，我們也希望分享正確的喝水習慣，以及要怎麼選擇適合的水來提升自己的生活品質。

不只如此，水還能應用在提升餐飲體驗，成為餐飲體驗中促成「驚喜感」的元素。例如，我們喜歡品嚐各種飲品，這些飲品可能是茶、是咖啡，甚至是湯品，這些都屬於液體的攝取，如果我們懂得如何選水、如何品水，我們就可以知道如何選對應的水，讓喜愛的飲品展現出最佳風味。

還有，在餐水搭配（Pairing）時，包含餐點和水的搭配，或者水和其他飲品的搭配，透過不同的水的搭配，也能夠讓整體的風味更和諧，或是帶有一點冒險精神、具有衝擊感的風味。

換句話說，無論是在健康、生活品質還是餐飲體驗，水在我們生活中的影響力都不容小覷，絕對不只停留在以往認為的「止渴」、「健康」而已。水是一個非常好玩的元素，而懂得如何「挑選適合的水」，才能夠讓這個元素充分發揮出它的價值。

從醫生、營養師到咖啡師都在學！
結合科學與實務的品水課

所以，學習品水，簡單來說，就是幫助我們知道如何選擇對的水，包含三個層次：

1 認識我們每天喝的水，了解水的特點並辨識其差異。	**2** 能夠挑選出適合自己的水，照顧自己的身心靈健康。	**3** 將水應用於提升餐飲體驗，增進生活的感受與樂趣。

推廣品水至今，我們走進學校，國小、國中、高中、大專院校，到各地演講迄今累積上百場。除了開設針對一般大眾的「品水生活課」，我們在不斷溝通下成功與德國「母校」杜門斯學院合作開設的「全球中文版品水師國際證照班」也已經來到第七屆。學員來自四面八方，包含醫師、營養師、品茶師、咖啡師、瓶裝水業者、淨水器工程師、釀酒師、侍酒師和興趣人士等。

其中，有位學員的回饋讓我們印象深刻，他提到自己也是水相關從業人員，過去至少讀過數十本書籍、請教過數十位專家學者，自認為對水的知識已經滾瓜爛熟，但直到來上課才知道，原來水還有許多他所未知的面貌，例如他更了解水中礦物質對人體健康的影響，也學會品嚐和感知水中的酸、甜、苦、鹹，以及如何選擇合適的水佐餐，讓水和餐點有相輔相成的效果等。品水的世界比原先想像得更博大精深而有趣！

▲ 在「開平品水師國際證照課程」中，正在認真上課的學生們。

如果你也和我們一樣對「水」感興趣，這本書，正是寫給從零開始認識品水的你，包含水的基礎知識、水對身心靈的影響、品水方法、水的故事、餐水搭配原理……我們將在這本書中，從科學面帶你真正認識生活中習以為常的「水」，並且輔以實務操作面，讓你更清楚如何透過水提升生活品質，甚至餐飲體驗。

　　很榮幸能透過這本書，將有關水的新知識、新趨勢分享給你，如果這本書能成為你認識「水」的起點，那真是再好不過了。

▲ 2023 年國際品水協會餐會（上圖）、2024 年「第六屆開平品水師國際證照班」授證結業式（下圖），我們的老師 Peter 博士（上圖下排左四，下圖下排左五）也應邀共襄盛舉！

INTRO. 喝水，不僅是為了「解渴」而已！ **025**

Column | 你知道要喝水,但你知道要喝多少水嗎?

人體出生時的含水量高達 75%～80%,接著隨年紀增長逐年下滑,到八十歲的老年人大約剩 50%,老化過程中,皮膚含水量、膠原蛋白和皮脂分泌會減少,導致皮膚乾燥和彈性下降。因此,年紀大更需要補充水分。喝足水對於維持身體健康的影響,總結為三個部分:

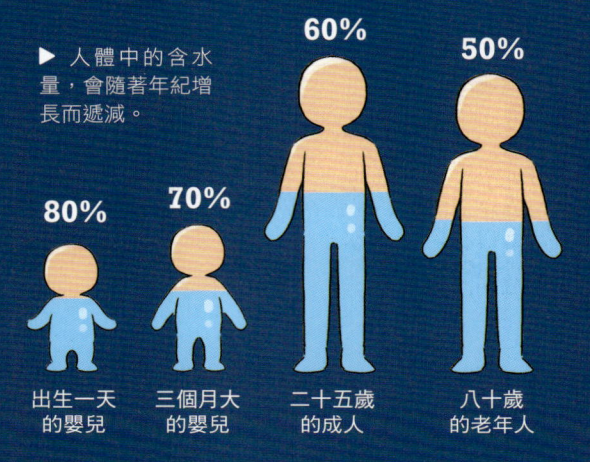

▶ 人體中的含水量,會隨著年紀增長而遞減。

- 出生一天的嬰兒 80%
- 三個月大的嬰兒 70%
- 二十五歲的成人 60%
- 八十歲的老年人 50%

1 運輸養分

營養素會透過水運輸到各個器官、組織,如果體內水分不足,營養的運輸速度和效率都會下降,導致身體各部位無法及時攝取到足夠的養分。

2 維持身體機能正常運作

人體內的器官、組織都有一定比例的含水量,當水分不足時,各個器官的運作效率都會變差。除此之外,水也有調節體溫的作用,透過汗水排出到蒸發,帶走皮膚表面大量的熱能,維持正常體溫。

身體缺水時會出現的反應

- 缺少體重1%的水:輕微口渴
- 缺少體重2%的水:耐力下降
- 缺少體重3%到5%的水:皮膚變乾
- 缺少體重5%的水:心跳加快
- 缺少體重10%的水:嚴重脫水
- 缺少體重15%的水:危害生命

3 代謝廢物

人體會透過水來代謝體內的廢物和毒素，例如排尿，尿液中有九成以上都是水分，能夠溶解對人體有害的物質，再透過腎臟過濾出尿液。

你每天喝的水，有滿足身體的需求嗎？

因為每個人的體重、生活習慣都不太一樣，通常我們建議至少攝取「每公斤體重 X 30 c.c.」的水量，但如果你希望代謝更好、維持在最佳狀態，可以提高到每公斤 50 c.c.。

舉個例子說明，一位 70 公斤的人，一天至少要喝 70 X 30 c.c.＝2100 c.c.的水分，如果希望代謝提高，達到更好的狀態和表現，建議一天至多可以飲用 70 X 50 c.c.＝3500 c.c.。

除此之外，最好的喝水頻率是「定時定量」。以一天攝取 3500 c.c.的水為例，為了避免影響睡眠，晚餐到睡前這段時間，建議攝取 300 c.c.至 500 c.c.即可，剩下約 3000 c.c.，就以起床後到晚餐前，總共幾個小時來平均分配。例如早上九點起床，晚上六點吃晚餐，這之間大約是 9 小時，以 9 小時除以 3000 c.c.換算，大約每小時喝 330 c.c.，剛好是一個馬克杯的水量。

▲ 建議的飲水方式是採取「定時定量」的策略，將每日所需喝水量分配於一天之中。

CHAPTER 1

水之識

品水，就從認識我們每天喝的水開始

The
Water
Sommelier

你知道我們喝的水，都是從哪裡來的嗎？

從古至今，無論是用的吃的喝的，人類的每一天都和「水」密不可分。水維持生活機能，也維護生活品質，但大家知道這些水，尤其是我們喝進體內的水，都是從哪裡來的？可以分為哪幾種嗎？在開始探討品水之前，我們就先一起來認識每天喝的水吧！日常飲用水的水源，主要可以分為以下三大類：

〔 地表水體 〕

陸地表面上動態水和靜態水的總稱，包括各種液態和固態水體，如湖泊、河川、冰河、極地冰層等，這些累積於地表的水。

〔 地下水體 〕

指下滲到地底下的地下水，又可以細分為淺層地下水、深層地下水。淺層和深層並不是以深度來區分，而是在於「是否受到不透水岩層的保護」，受到不透水岩層保護的屬於深層地下水，反之則是淺層地下水。

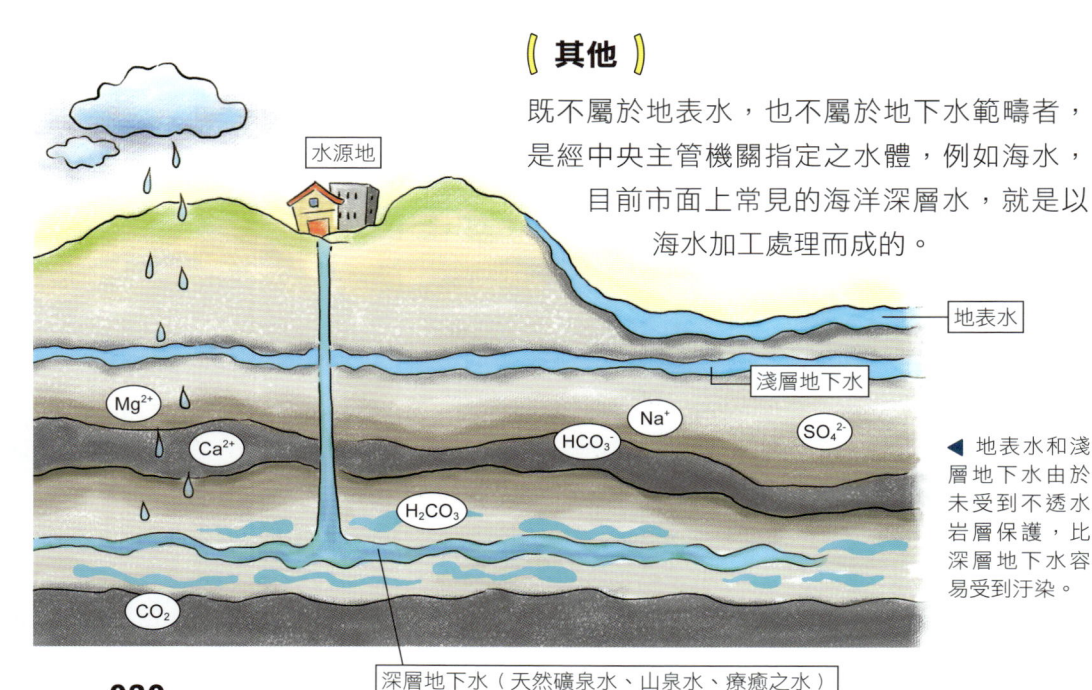

〔 其他 〕

既不屬於地表水，也不屬於地下水範疇者，是經中央主管機關指定之水體，例如海水，目前市面上常見的海洋深層水，就是以海水加工處理而成的。

水源地

地表水

淺層地下水

Mg^{2+}　Ca^{2+}　HCO_3^-　Na^+　SO_4^{2-}

H_2CO_3

CO_2

深層地下水（天然礦泉水、山泉水、療癒之水）

◀ 地表水和淺層地下水由於未受到不透水岩層保護，比深層地下水容易受到汙染。

有害廢物堆放

農藥/肥料

降雨補給地下水&地表水

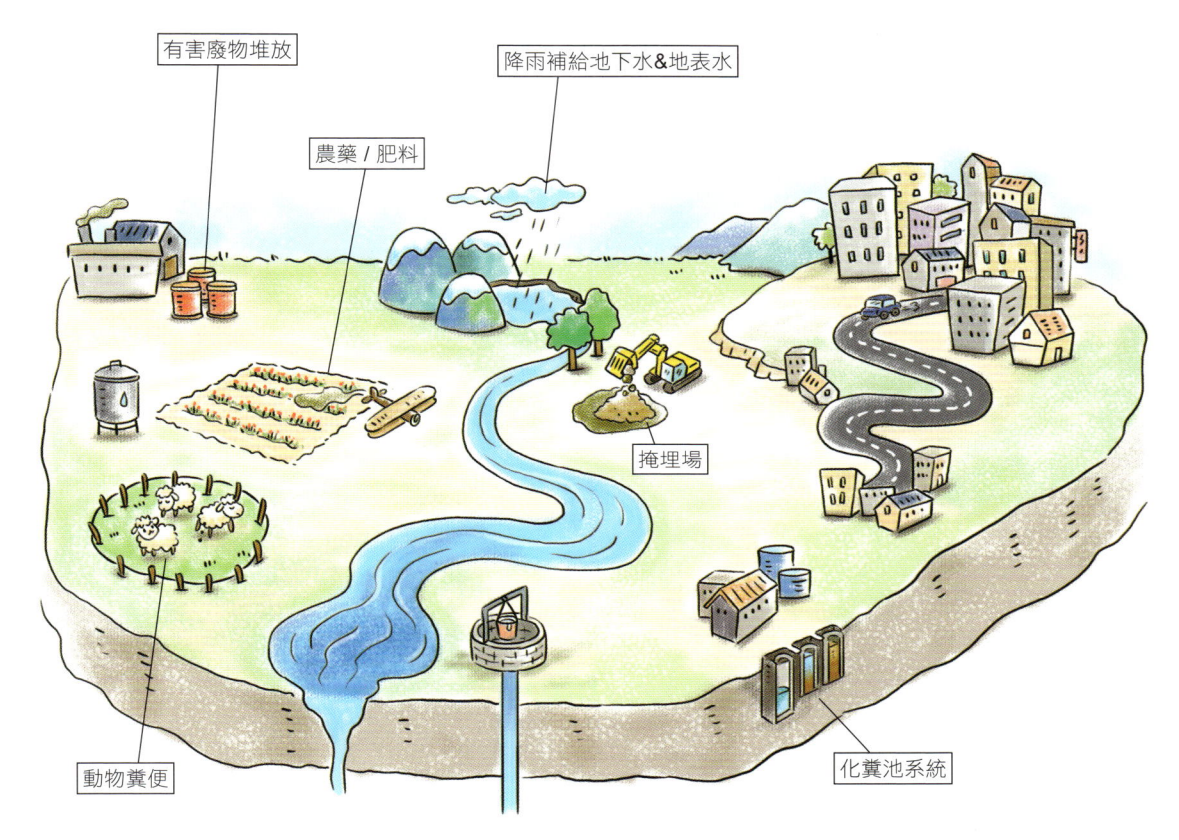

掩埋場

化糞池系統

動物糞便

▲ 地表水、淺層地下水容易遭受生物性、化學性、物理性等汙染。

在這些水中,「地表水」和「淺層地下水」因為非常容易受到污染,無法直接飲用,一定要經過淨水處理。可能的汙染源大致分為三類,一是生物性汙染,包含細菌、病毒、寄生蟲等,例如牲畜屍體或糞便;二是化學性汙染,例如工業廢水中的重金屬、農業廢水中的農藥、家用廢水中的清潔劑等;三是物理性汙染,包含碎石、碎玻璃等各種異物。

至於「深層地下水」,由於受到孔隙小、透水性低的不透水岩層保護,較不易受到外界汙染,也是大多數礦泉水的來源。當水流經不同岩層時,便會溶解岩層中的礦物質,因此,每支水的旅程路徑都不完全相同,也造就了每支礦泉水獨一無二的口感與味道。

台灣的「自來水」，其實是可供生飲的飲用水

很多人常常問我們，超商架上看到的礦泉水、純水等標示，到底有何不同？因此，在了解水的來源之後，接著，我們就一起來進一步了解，關於飲用水的種類。

首先要談的，就是「自來水」。不要驚訝，自來水確實屬於「飲用水」。各國對於自來水的定義大致相同，都包含兩個規範：一是「不含任何致病物」，二是「可供人類飲用」。換句話說，台灣自來水公司提供的水，其實和歐洲的自來水相同，都是屬於「可生飲」等級的水。

台灣的自來水，主要是來自集水區（水庫）的水，大多是地表水，少部分來自淺層地下水，這些尚未加工處理的原水，會輸送到各個淨水場處理，以符合《台灣飲用水水質標準》，水中各物質的含量必須在「不含任何致病物」以及「可供人類飲用」的範圍內。符合上述規範、處理好的水就會隨著公共管線，進入每戶人家的總水表，至此都屬於自來水公司負責的範圍，接著，水透過水表，再進入我們居住區域的配水系統，例如蓄水塔和各大樓管線等。

至於為什麼自來水公司提供的是生飲等級的水，大家卻不太敢直接飲用呢？主要可能有幾點。

首先，就是各大樓的公共輸水管線問題。如果使用老舊的鉛管，可能會有重金屬溶出，台灣於西元 1979 年以前的建築都是使用鉛管，近年來才開始使用不鏽鋼管。以臺北而言，於日據時代 1907 年即發展自來水設施，隨著時代與技術演進，自來水管的材質也有其不同的歷程，如鉛管、鑄鐵管、塑膠管與不銹鋼管，鉛管因具耐壓及延展性，在 1920 到 1970 年代前曾被廣泛應用在水管上，因而各國發展較早的都市，還有部分區域使用鉛管，如英國倫敦，荷蘭阿姆斯特丹、德國柏林等。

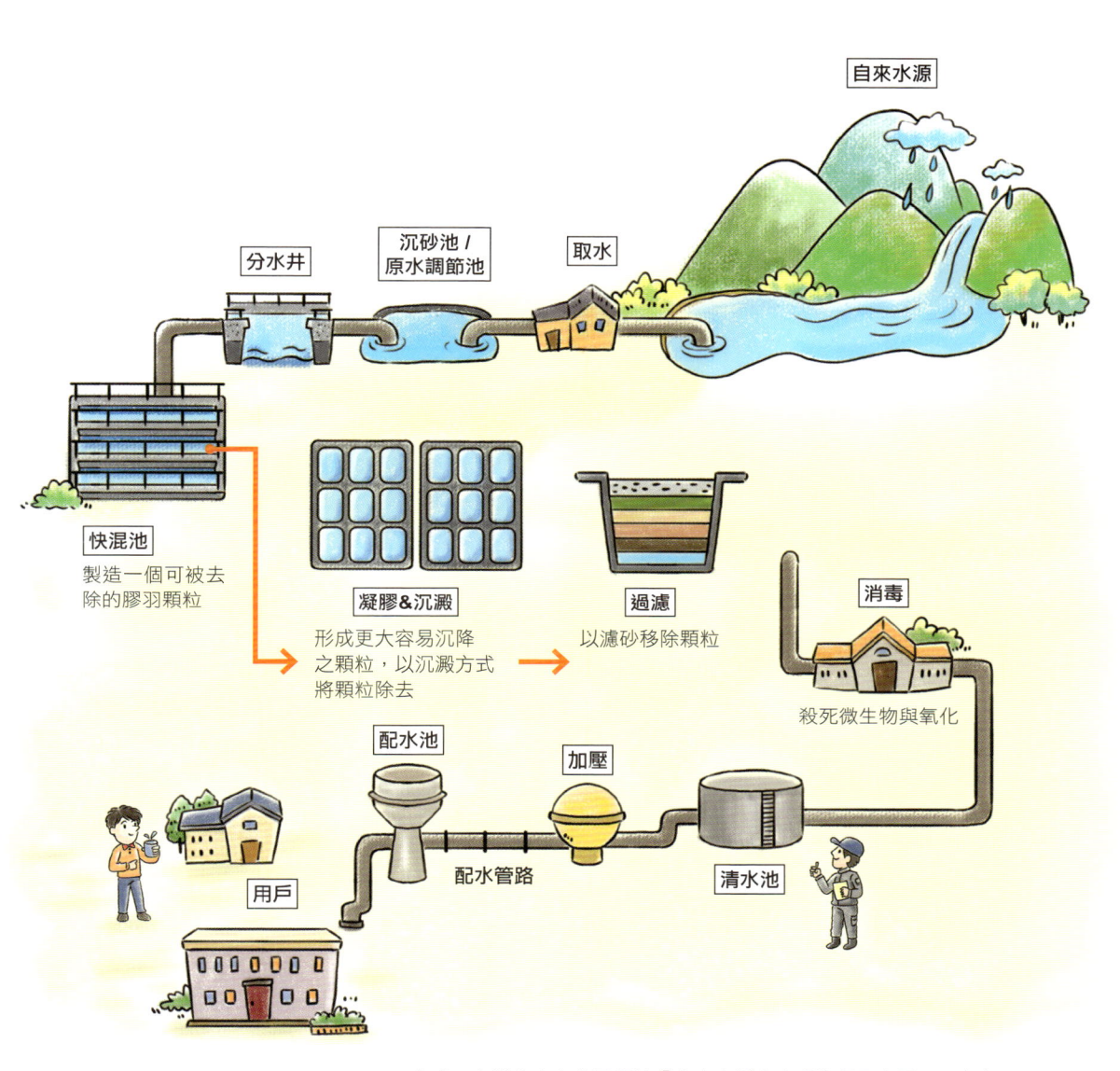

▲ 出處：台灣自來水公司網站「自來水淨水處理流程示意圖」。自來水從集水區開始，經過繁複的淨水處理後抵達家中的淨水流程。

再者，水塔儲水系統是否定期清洗也是個問題，尤其水在靜止狀態時，是最容易滋生細菌的，而且即使清洗了，也不確定有無清潔劑殘留？這些都可能造成自來水受到汙染。

此外，還有自來水中「氯」的氣味。因為自來水要經歷長距離的運輸，為了使水安全無虞，自來水在處理過程會加入氯來殺菌、消毒，儘可能降低水中的微生物量，因此，自來水中存在氯是理所當然的。

不過，雖然有些人很在意「氯」的問題，但其實相較於世界衛生組織（WHO）餘氯上限值5毫克／公升，台灣自來水的餘氯標準是每公升要在「0.2-1.0 毫克以下」，其實是更加嚴苛的，所以即使自來水中有一些氯的味道，氯含量也已經非常低了。

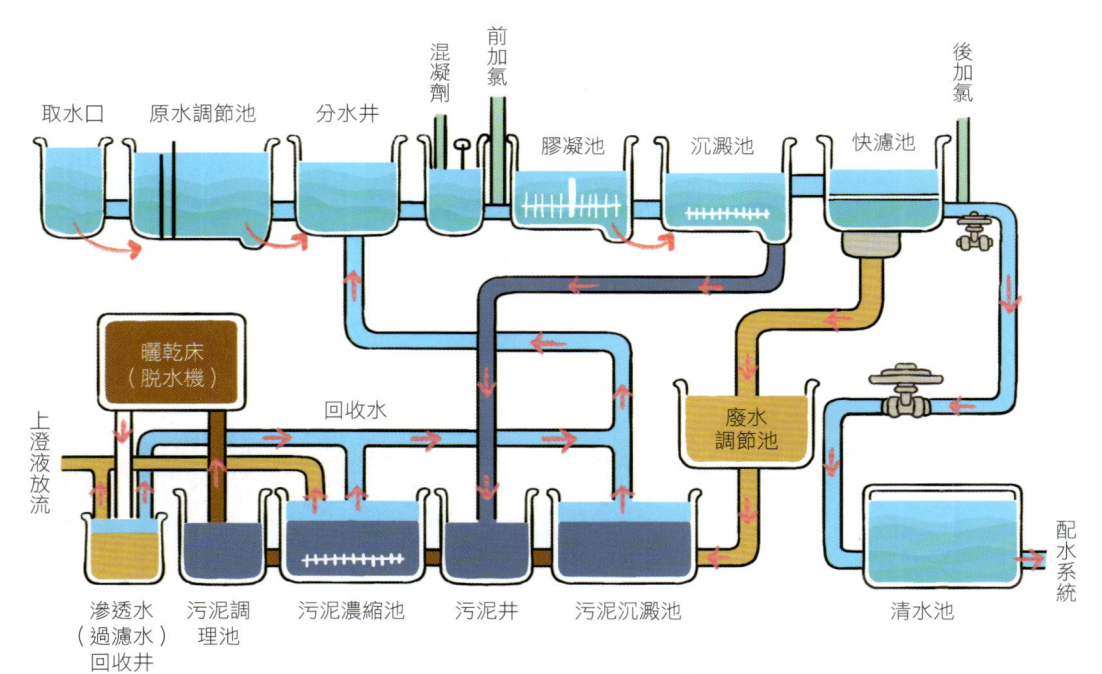

▲ 出處：台灣自來水公司網站「一般淨水場處理流程」。
水經過淨水場的層層關卡，成為可飲用的自來水。

台灣的自來水品質其實很不錯，只要到台灣自來水公司的網站上看，就會發現水質資料非常透明，甚至公開了每個淨水廠的水質相關數據。除此之外，台灣自來水的平均水價也比美、日、韓等國都低得多，雖然水中帶有一點氯的氣味，只能說是瑕不掩瑜。如果真的對氯的氣味比較敏感，或者對泡茶、泡咖啡的水比較講究，可以透過煮沸，或是加裝淨水器，來去除水中的氯。

BOX ｜ 北部水比南部水好喝嗎？

有不少人認為北部的自來水質比南部好，這樣的說法並不正確。只要是自來水，都符合《台灣飲用水水質標準》，也就是安全無虞的飲用水。至於口感上的差異，是因為不同區域的水流經不同地質結構，使得溶入水中的礦物質成分不同所造成的，並不是說水質比南部好。自來水公司的責任在於提供我們生飲等級的水，至於口感，這就屬於個人主觀喜好的面向了。

不是每罐瓶裝水，
都有資格稱為「礦泉水」

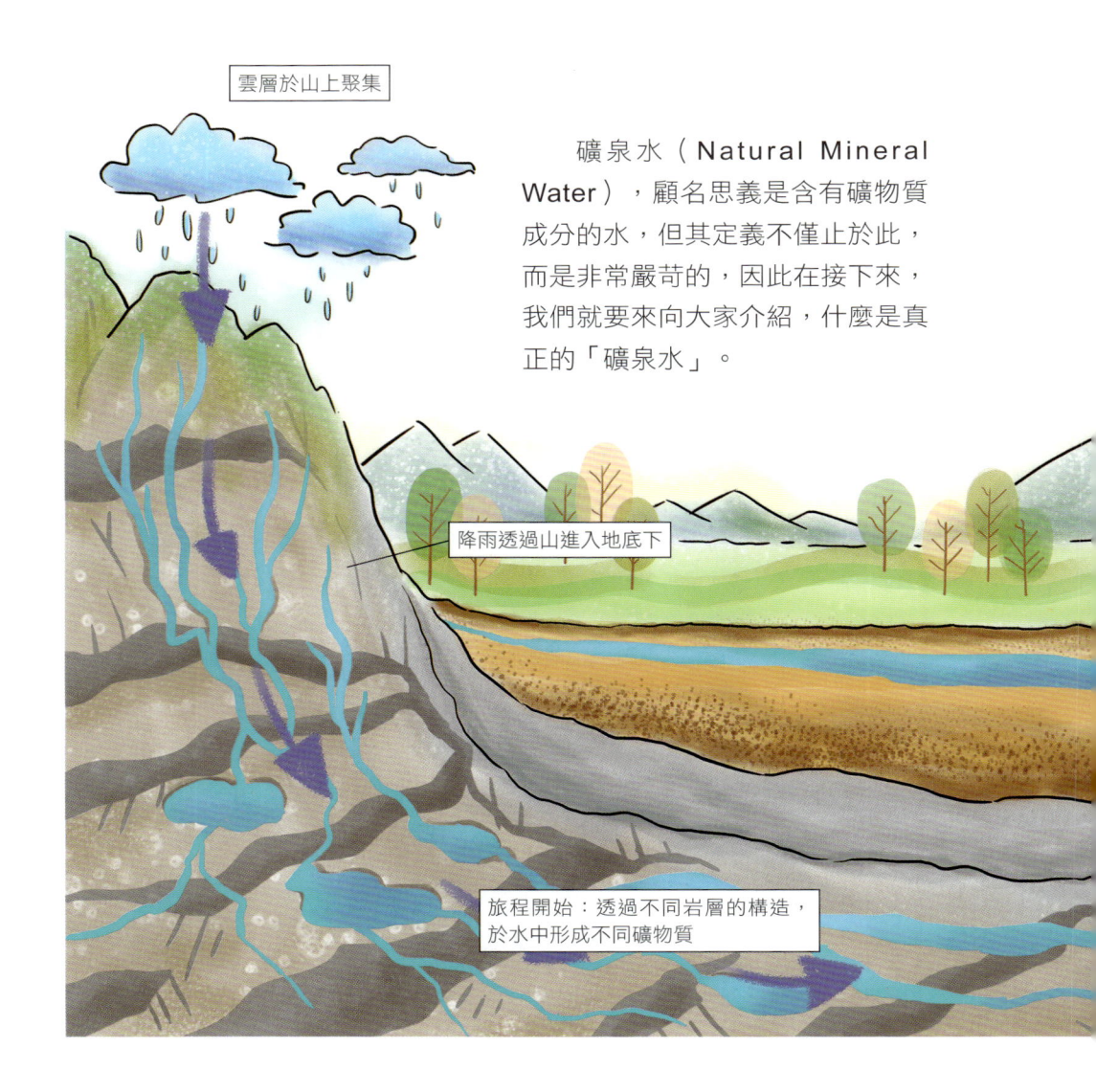

雲層於山上聚集

礦泉水（Natural Mineral Water），顧名思義是含有礦物質成分的水，但其定義不僅止於此，而是非常嚴苛的，因此在接下來，我們就要來向大家介紹，什麼是真正的「礦泉水」。

降雨透過山進入地底下

旅程開始：透過不同岩層的構造，於水中形成不同礦物質

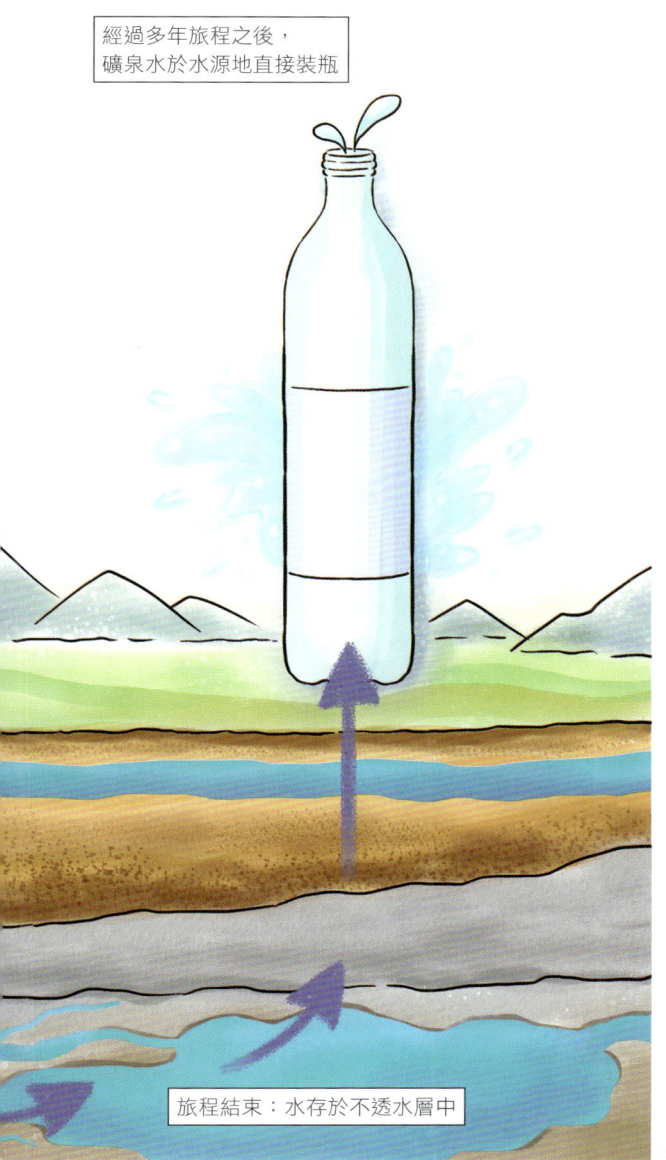

經過多年旅程之後，礦泉水於水源地直接裝瓶

旅程結束：水存於不透水層中

◀ 礦泉水的形成之旅

　　礦泉水的形成，是一段極為緩慢的過程，並沒有一個標準的年限，短則數年，長則數百、數千年。現代科學已經可以透過「放射性碳定年（Radiocarbon）」的方式，來測得水的「表觀年齡」，也就是推算出一支礦泉水形成的約略時間點。

　　礦泉水的形成和水文、山脈息息相關，它的水源就是雨水，降雨後，一部分的雨水會留在地表，再蒸發回空氣中，接著再次變成降雨，完成水循環。另外一部分的雨水，則會被土壤吸收，進入地下岩層系統，隨著流經不同的岩層，溶進該岩層的礦物質，例如鈣、鎂、鈉、鉀等，慢慢形成了所謂的「礦泉水Natural Mineral Water」。因此，每個礦泉水都有屬於它的「水之旅」。

CHAPTER 1　　水之識 —— 品水，就從認識我們每天喝的水開始

目前我們還無法完全得知水在地層中的「旅程路線」，不過實務上我們常常看到，位於同一個山頭的兩個不同水源，雖然只距離一、兩百公尺，礦物質成分卻是截然不同。也就是說，即使是相近取水點的礦泉水，因為流線不同，也可能擁有截然不同的溫度、流速、礦物質比例和成分，也就造就了不同的口感與味道，這也是礦泉水迷人的地方。

全歐洲大概超過一千五百個礦泉水品牌，實際上的礦泉水數量可能更多，例如雀巢是一個品牌，該品牌下不只一支礦泉水，可是每支礦泉水的味道跟口感都完全不同，也是非常有趣的一點。

在歐盟會員國，每支礦泉水都必須經過登記，也就是說，要在瓶身上標示為 Natural Mineral Water 之前，必須取得官方認證，水廠商為了取得認證，就必須向歐盟認證檢驗機構提出一份檢驗報告，證明是天然礦泉水，這份報告非常驚人，涵蓋了超過百項水質檢驗參數！必須全數通過，才能以「礦泉水」作為商品名稱上市，也才能被收錄到歐盟的官方公報中。

那麼，我們來仔細看看，在歐盟法規中，滿足什麼條件的水，才能被稱為「礦泉水」呢？

礦泉水
Natural Mineral Water

1
必須來自不受汙染的地下水源
（Underground Water）

礦泉水必須經過官方認證，符合微生物標準，也就是細菌、微生物含量必須低於標準值，不含任何病原體，以確保人體可以直接飲用，符合「不受汙染」的定義，才能夠被列為礦泉水。

2 水中礦物質成分必須維持穩定

礦泉水可以維持礦物質成分穩定，是因為它通常來自受到不透水岩層保護的水源，也就是「深層地下水」，而且很可能是單一流線的水源。不過，如果水源地的氣候產生變化，或是當地地質改變時，原本單一流線的水，可能因此有其它的水匯入，使得礦物質成分不再穩定，那就不能繼續被列為礦泉水了，這也是為什麼礦泉水這麼值得我們進一步認識它，因為我們可以清楚知道自己喝到了什麼。

此外，礦泉水不得再經過煮沸、消毒、淨水器過濾、額外添加其他礦物質等加工。例如某一支礦泉水的鈣含量很高會影響味道，想要透過水處理來減少水中的鈣，這就是不被允許的，因為如果水中成分可以任意被改變，就不符合礦泉水的定義了。

▶ 礦泉水中必須有穩定的礦物質成分。

3 礦泉水必須在水源地直接裝瓶

最後一點，就是礦泉水從水源地取出後，需要直接經由輸水管線輸送、裝瓶。為了維持礦泉水獨特的口感和礦物質成分比例，法律上延伸出許多相應的規範，例如「不得經過任何蓄水和儲水設備」，就是為了避免在這過程滋生細菌和微生物。此外，礦泉水也必須以最終販售容量的瓶子來裝瓶，不能以 10 公升、20 公升這類大容量裝瓶後，再去分裝成 1 公升、600 毫升等販賣。而且，裝瓶時必須強制使用「安全封口」，就是我們打開瓶裝水時，和瓶蓋相連的塑膠圈條。

CHAPTER 1　　水之識 ── 品水，就從認識我們每天喝的水開始

以上三點規範，就是為了確保「我們喝到的礦泉水安全無虞，而且和其在地底下的原始狀態一致」法規。歐盟對於礦泉水的法律規範非常明確、仔細，如果對這方面的內容感興趣，也可以至歐盟網站參酌這份文件「Directive 2009/54/EC on the exploitation and marketing of natural mineral waters（歐洲議會和理事會第 2009/54/EC 指令：天然礦泉水的開採與銷售）」。

天然礦泉水的發現和開挖，就像一段探金之旅。因為大多數的水，都很難在原產地直接裝瓶的條件下，同時達到能安全飲用、礦物質成分穩定的條件。即使找到了一個水源，只要發現微生物含量過高，需要透過過濾、消毒殺菌等「加工處理」，這個水源的水就僅能屬於「純水（包裝飲用水）」，而不是礦泉水了。

BOX | 礦泉水適合加熱嗎？

礦泉水可以加熱使用，也不會因為加熱產生有害物質，但是建議視使用方向而定。

原因之一在於礦泉水屬於天然水體，可能含有鈣、鎂離子，它們在常溫狀態下會溶於水、肉眼看不見，但是經過加熱、煮沸後，和水中的碳酸氫根離子結合，就會形成不溶於水的碳酸鈣、碳酸鎂，也就是沉澱物，俗稱「水垢」。雖然只是對健康無害的物理現象，但如果不樂見水垢的產生，可能就要斟酌。

▲ 水煮沸時，其中的鈣、鎂離子會和水中的碳酸氫根離子結合而沉澱，形成水垢。

此外，礦泉水加熱後，水中的部分物質也會隨之流失，例如二氧化碳、碳酸氫鹽等，進而改變原本的口感。我們飲用礦泉水，通常會希望喝到它最天然狀態下的風味，但經過加熱後，風味會產生變化，也就破壞了它原本的特色。

Column ｜ 氣泡水也有「天然」和「加工」的分別

礦泉水不得經過任何加工處理，不過，「二氧化碳」卻不在此限。歐盟法律明訂可以後天透過加壓，使二氧化碳溶入礦泉水裡，成為一般大眾認知的「氣泡水」；也可以移除礦泉水裡原有的二氧化碳。

除此之物，由於水源地的地形、地質不同，有些礦泉水在地底時已經自然溶入氣泡，形成非常少見的「天然氣泡礦泉水（Naturally Carbonated Natural Mineral Water）」；如果是後天添加二氧化碳的礦泉水，則被歸類為「氣泡礦泉水（Carbonated Natural Mineral Water）」。

▲ 前往 Vichy Catalan 水廠，參觀少見的天然氣泡礦泉水。

市面上許多礦泉水，其實都有販售「Still（無氣泡）」跟「Sparkling（有氣泡）」版本，透過加入二氧化碳創造另一種口感，讓同一支水有不同的飲用體驗，給消費者多一個產品的選擇，歐洲的礦泉水製造商，甚至會生產不同氣泡強度的礦泉水，來符合不同消費所需，例如德國礦泉水，就提供了四種不同強度的氣泡，分別是 Classic（強氣泡）、Sanft（中等強度氣泡）、Extra Still（弱氣泡）、Naturell（無氣泡）。第一次看到時，還以為「Classic」是這品牌必喝的經典款！

▲ Adelholzener 的「Sanft」與 Gerolsteiner 的「Medium」皆代表中等強度的氣泡。然而，由於歐盟法規並未針對氣泡水的碳酸強度制定統一的標示規範，各品牌通常依自家標準進行描述，使用的術語不盡相同。因此，這類標示方式常令消費者，特別是非當地人士，感到混淆或難以判斷實際氣泡強度。

超市裡的水，
有九成以上都是「純水」

很多人都以為「瓶裝水」=「礦泉水」，我也時常在報章雜誌中發現，媒體雖然是在敘述關於礦泉水的內容，手上拿的不是礦泉水，而是一般的瓶裝水。

實際上，在台灣的超市、超商看見的瓶裝水，九成以上都屬於純水（Purified Water），而純水在台灣有個正式的法規名稱，叫做「包裝飲用水」（Pakaged Drinking Water），在國際上則是標示為 Drinking Water、Bottle Water、Table Water 等。

純水的水源大多來自地表水，少部分來自地下水，但沒有一定的限制，因為要達到能夠安心飲用的程度，必定會經過加工處理，例如活性碳過濾、紫外線殺菌、臭氧殺菌等。

有些人誤以為純水就是「裡頭什麼都沒有、完全純淨」的水，但其實純水雖然經過加工處理，並不代表不含礦物質，而且純水中的礦物質可以是天然存在，也可以是後天添加的，例如，添加微量礦物鹽的「海洋深層水」；加入二氧化碳的「氣泡水」；加入氧氣的「高含氧水」，以及透過竹炭過濾的「竹炭水」等，以上都屬於「純水（包裝飲用水）」。

真正達到高純度狀態，即除了氫離子與氫氧根離子，幾乎沒有任何其他電解質存在的水，只出現在半導體晶圓廠，因為晶圓的線路非常細緻，必須使用特殊條件的水來清洗，於是達到高純度等級的「超純水（Ultrapure Water）」就誕生了。

需要特別注意的是，能夠標示為「純水（包裝飲用水）」，表示其中不能含有糖、甜味劑、香料等其他食品添加物，如果有添加這些物質，就會被歸類為飲料，而不屬於水囉。

▼ 只要經過加工處理的水，就會被稱為「純水」或「包裝飲用水」。

避免落入「台式山泉水」的迷思陷阱

最後,要特別來談談山泉水(Spring Water),許多人似乎對「山泉水」有種信仰,認為它是從山間取得、入口特別甘甜的水。然而,這可誤會大了!

台灣的法令目前對於山泉水並沒有規範,所以大家口中的「山泉水」,多半指的是「流在山間地表的水」,這個條件的水非常容易受到汙染,並不建議生飲。因為在飲用山泉水之前,我們很難確認取水點的上游有沒有汙染源?有沒有人在游泳、排放工業廢水、經營畜牧業或農業?這類「台式山泉水」裡頭可能有農藥、重金屬殘留,或者含有肉眼看不見的微生物或寄生蟲卵,一旦飲用後可能會導致疾病。所以,如果一定要飲用,請務必經過過濾、煮沸。

有人會說,那我用山泉水泡茶可以吧?然而,有些行家很注重泡茶溫度,並沒有將水煮沸後才使用,這也會成為潛在的風險。

▲「台式山泉水」目前尚無法令規範,潛藏許多汙染的可能。

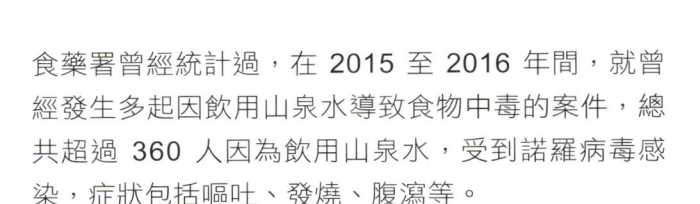

食藥署曾經統計過，在 2015 至 2016 年間，就曾經發生多起因飲用山泉水導致食物中毒的案件，總共超過 360 人因為飲用山泉水，受到諾羅病毒感染，症狀包括嘔吐、發燒、腹瀉等。

那麼，摒除所謂的「台式山泉水」，歐盟對於「山泉水」則有明確的定義，而且和礦泉水的定義很接近。

歐盟法令所定義的「山泉水」，和礦泉水相同，必須是在原始狀態下可供人飲用的，也就是必須在原產地裝瓶，水源位置也是來自地底下不透水岩層之間、不受汙染的水，並且不經消毒殺菌等加工處理，微生物總含量也必須在標準值以下，以 Spring Water 標示。

和礦泉水唯一不同處，是它的「礦物質成分沒有穩定性」，山泉水的水源未必是單一流線，可能有其他的水流加入，或者會因為氣候變化而改變，例如某一年降雨量特別多，或者發生乾旱，便會影響水中的礦物質含量，這就是山泉水的特性，所以山泉水在瓶身標籤上不需要標註礦物質成分表，因為對消費者而言缺乏參考價值。

Column | 揭開水的真面目！看懂市售水的商品標籤

認識完這些生活中的飲用水，大家有辦法在打開超商冰箱後，辨識出自己喝的是哪種水，有什麼樣的特性嗎？即使無法像品水師一樣清楚說出水的細節資料，但從商品標籤中還是可以取得許多端倪。就讓我們一起來看看，台灣瓶裝水常見的標示及規範吧。

就像前面章節所說，「礦泉水」的規定其實相當嚴格，能夠在商品上註明「礦泉水」的水，其實沒有想像中多，在台灣須符合「國家標準CNS 12700」才能叫做礦泉水。然而，包裝飲用水也就是所謂的純水，除了符合礦泉水資格的水以外，大部分市售水都是屬於這個範疇，需符合「國家標準CNS 12852」之規定。此外，兩者在外包裝標籤上必須符合食品安全衛生管理法與相關施行細則之規範。我們也可以從這些標籤中，得知水的來源、水源地點、成分以及pH值等基本的資訊。

【 礦泉水標籤參考範例 】

- 品名：xxx 礦泉水
- 成分：水、二氧化碳、氧氣外，不得添加其他氣體
- 內容量：xxx 毫升
- 製造廠商名稱、電話號碼及地址
- 原產地
- 有效日期
- 主要礦物質成分、含量、pH值
- 水源別：地下水體
- 水源地點
- 水權核准號數
- 製造除菌方式：除了物理方式過濾除菌外，得以紫外線或臭氧，但不得使用加熱方式
- 有下列情形應特別標示
  1. 氟化物含量超過1 mg/L，應明顯標示「含氟化物」
  2. 氟化物含量超過2 mg/L，應明顯標示「本產品不適合嬰幼兒及7歲以下兒童食用」

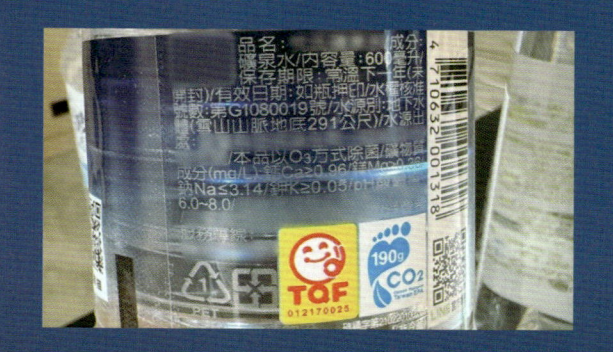

【 包裝飲用水標籤參考範例 】

- 品名：xxx
  （包裝飲用水：不一定要寫）
- 成分：水，除可天然存在或添加二氧化碳、氧氣二種氣體及微量礦物鹽外，不得含有糖、甜味劑、香料及其他食品添加物。
- 內容量：xxx 毫升
- 製造廠商名稱、電話號碼及地址
- 原產地：台灣
- 有效日期：標示於瓶身上
- 水源別：地上水體、地下水體、其他
- 水源地點

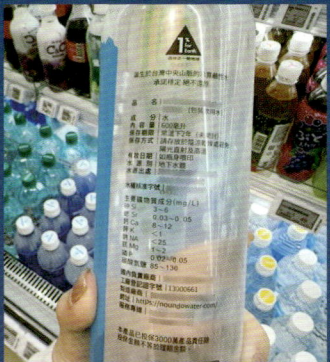

BOX

為了響應環保，全世界各地也推出無標籤瓶裝水，無法單瓶販售，僅能整箱販售，外標籤內容印於外箱上。

047

CHAPTER 2

水之味

跟著品水師，
一起解開水的風味密碼

The
Water
Sommelier

從礦泉水的形成，
告訴你「水的風味」是什麼？

　　一般提到「風味」，指的是味道、口感與氣味的綜合體驗。然而，水本身沒有氣味，因此水的風味主要來自「味道」和「口感」。就像葡萄酒的風味需要追溯至其風土——包含葡萄種植的經緯度、氣候與土壤條件，水的風味同樣根源於其環境與來源。

　　由於自來水與純水經過加工程序，去除了自然成分，使其風味變得一致性或是迎合特定的商業需求。因此，當我們談論水的風味形成時，礦泉水便成了最佳的切入點，因為礦泉水直接反映了水源地的地質、岩層和流線特性，完整呈現出水的「風土」。接下來，我們將聚焦於礦泉水，探索水的風味是如何形成。

岩層

> 水的風味，
> 就是凡「流過」必留下的痕跡

　　當雨水落到地表，一部分的雨水被土壤吸收，一部分匯集至河流、湖泊，一部分則下滲到地表下，成為地下水。地下水依據下滲深度，在不透水層之上的屬於「淺層地下水」；而下在山間的雨水，由於地形因素，持續下滲到不透水層之間的，就屬於「深層地下水」。深層地下水的水流，在流經不同岩層時，會自然吸附、溶解其中的礦物質，形成所謂的礦泉水。

　　因此，了解水源流經的岩層，就能推論礦泉水可能溶有哪些礦物質，這些礦物質造就了礦泉水的風味，帶來獨特的味道與口感。礦泉水在形成過程中可能流經的岩層，分為火成岩、沉積岩、變質岩三種。

　　其中，火成岩的結構最堅固、緊密，其次為變質岩，最鬆散的則是沉積岩。岩石的結構越堅固，礦物質越不容易被水帶走，所以理論上，水中的礦物質主要來自沉積岩層，其次是變質岩層，最後才是火成岩層。

▲ 圖為 22 Artesian Water 的水莊，位於西班牙北部拉里奧哈地區（La Rioja）。其獨特的地質構造和緩慢流速，使得水溫長年恆溫攝氏 22 度。

在探勘水源地時，我們會挖掘一個小區域做地質檢測，了解大致有哪些岩層存在，透過了解該區域的岩層特性，推測此處水源屬於低礦物質、中礦物質，還是高礦物質的水，甚至是主要的礦物質成分。

　　例如，我們透過地質檢測，發現某地岩層主要為白堊岩，白堊岩屬於沉積岩，特性是柔軟、易粉碎、石灰質高，含很多小碎石、生物骨頭、貝殼等來自海洋生物的石灰質，這些 石灰質主要由碳酸鈣構成，所以可以判斷此地水源中的鈣含量可能很高。

　　相對來說，如果有一支礦泉水，我們沒有喝過，但是它標榜水源流過某種岩層，我們也 可以依照該岩層的特性，去推測這支水的礦物質含量、類別，雖然是理論性的推測，卻是幫助我們從風土認識一支水的重要方法。例如台灣巴部農礦泉水的水源位在新竹橫山，因火山活動形成鹼性玄武岩。其水源流經鹼性玄武岩，而造就巴部農礦泉水為少見的天然鹼性礦泉水。

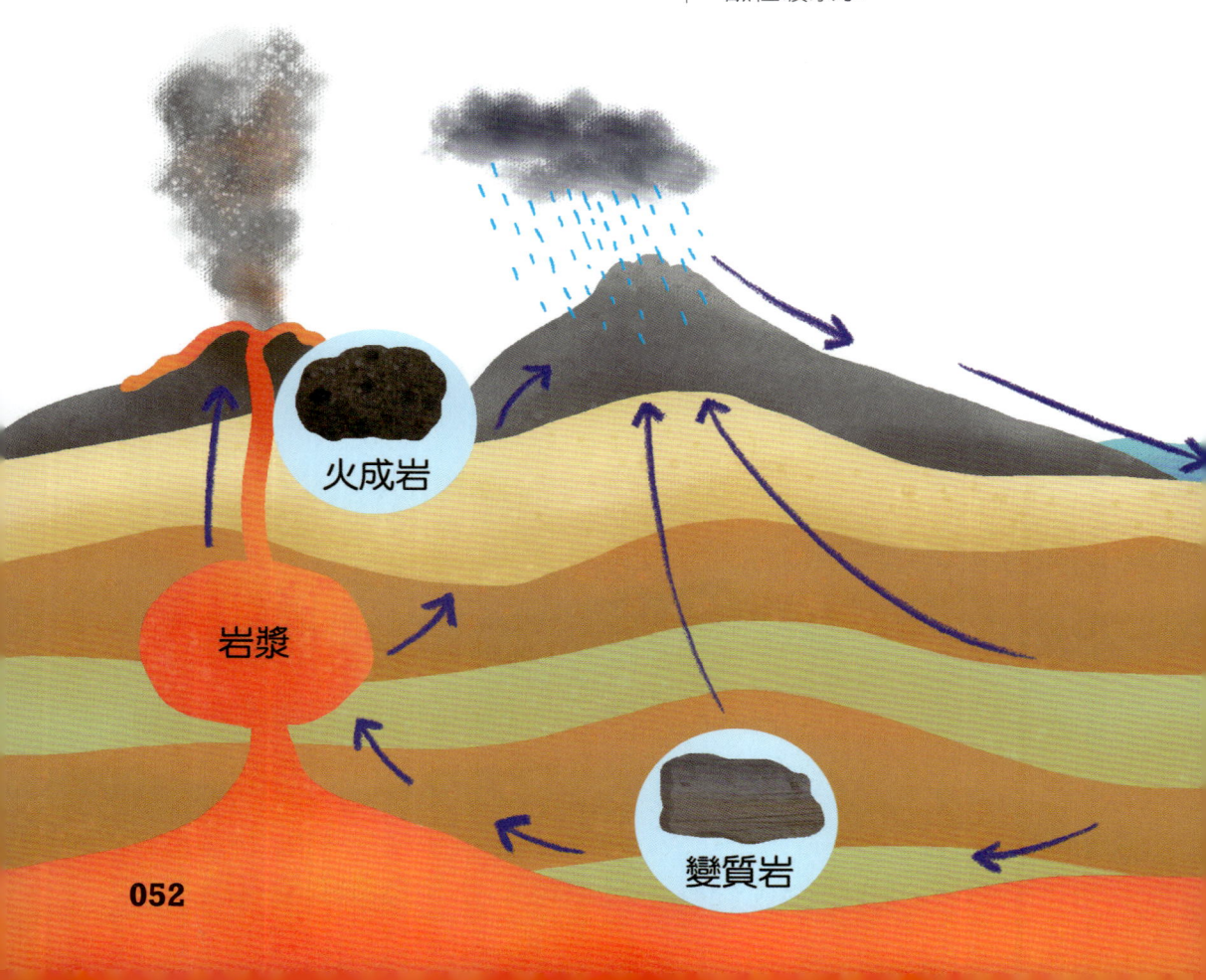

火成岩

岩漿

變質岩

礦泉水最重要的風土要素，就是它所流經的岩層，我們透過了解水源流經的岩層，可以推斷水中的礦物質含量高低、主要礦物質成分，並進一步推測水的味道與口感。

火成岩

與火山活動密切相關，可分為兩種，一種是岩漿在地表下緩慢冷卻形成，另一種則是火山噴發後，岩漿在地表快速冷卻而成。冷卻過程中，岩漿由液態轉為固態，其中的礦物持續結晶直到完全冷卻，就形成火成岩，如花崗岩、玄武岩。

沉積岩

火成岩雖然很堅固，但地表上的火成岩經過長時間風、水、生物的侵蝕和風化後，變為沙、泥、礫石等碎屑，隨水流沉積於湖泊或海洋，逐層累積成沉積岩，如石灰岩、白堊岩。

變質岩

地下深處的火成岩、沉積岩，如果受到高溫、高壓，可能會造成其中的礦物成分和結構改變，形成「變質岩」。例如俗稱的大理石，就是由石灰岩變質而成。

◀ 如果變質岩再次受高溫熔為岩漿，接著冷卻、凝固，又會再次形成火成岩，重複岩石的循環。

水文

取自同一座山脈的水，也有可能完全不同

除了水源流經的岩層組成，還有一個重要的風土要素是水文，也就是水的流線。

由於地下水是一個連動的、龐大的水體，擁有非常多的流線。在眾多流線中，一定有匯集處，就像地表上的湖泊、河流一般，流線的匯集處由於環境變動度高，其中的礦物質成分必然不穩定，因此無法符合「礦物質成分穩定」的礦泉水條件，因此從這一點，我們可以推測出<mark>礦泉水的水源往往來自「單一流線處」</mark>。

不過，由於地下水的流線變化萬千，<mark>來自同一座山脈、距離非常相近的兩個取水點，水中的礦物質特性可能相同，也可能截然不同</mark>。以瑞士礦泉水品牌 Valser 為例吧！Valser 有三種不同特性的礦泉水，然而它們都來法國南部瓦爾斯谷的同一座山脈（如下圖）。

雖然以目前地質探勘技術，我們還無法得知水的完整流線，以及地下岩層的全貌，這卻也成為礦泉水帶點神祕又迷人的地方，礦泉水的風土，值得我們更多的探索。

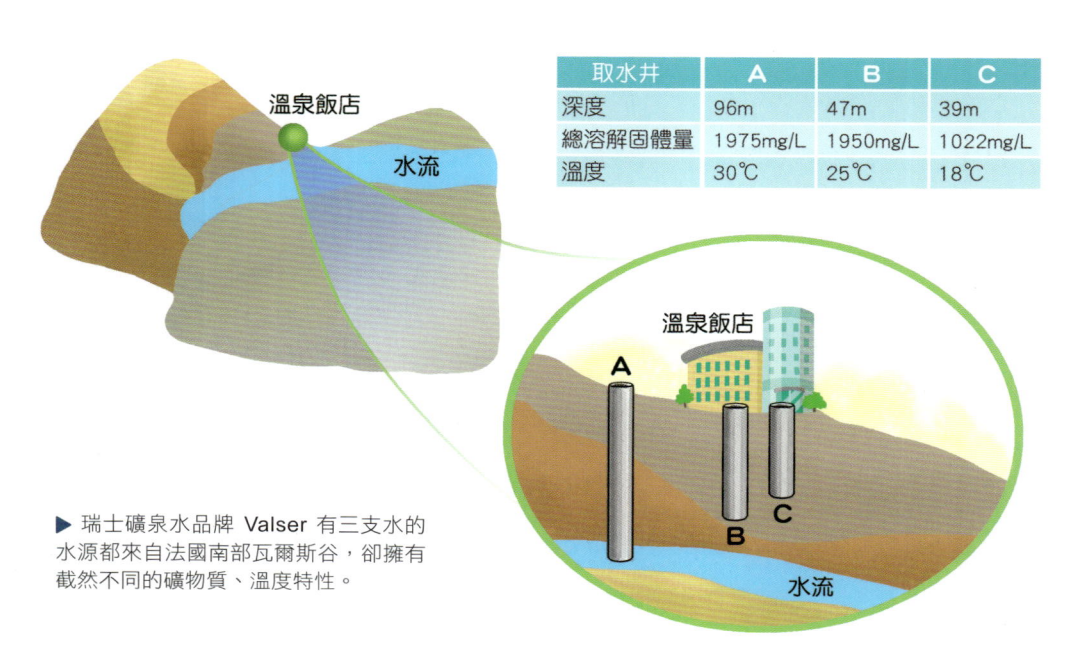

取水井	A	B	C
深度	96m	47m	39m
總溶解固體量	1975mg/L	1950mg/L	1022mg/L
溫度	30℃	25℃	18℃

▶ 瑞士礦泉水品牌 Valser 有三支水的水源都來自法國南部瓦爾斯谷，卻擁有截然不同的礦物質、溫度特性。

取 水

> 從水源地到消費者手中的層層關卡

　　礦泉水風土之旅的最後一站，就是「水井」。想要取得礦泉水的水源，「鑿井取水」是最普遍的方法。其中，取水井又分為三種類型。

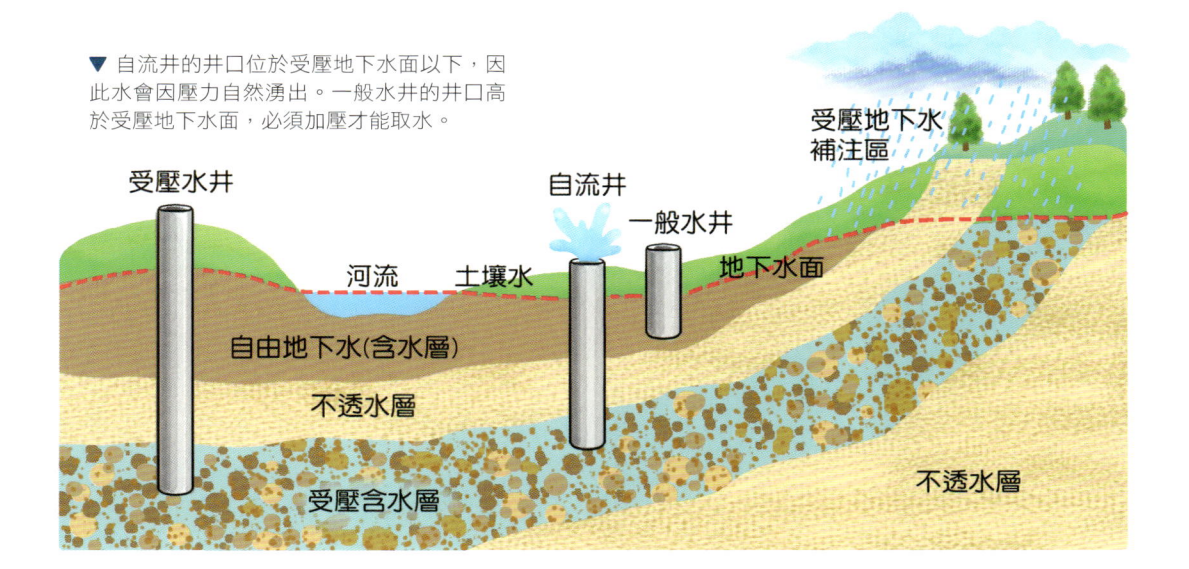

▼ 自流井的井口位於受壓地下水面以下，因此水會因壓力自然湧出。一般水井的井口高於受壓地下水面，必須加壓才能取水。

受壓水井　　　自流井　　一般水井　　受壓地下水補注區
河流　土壤水　　　　　　地下水面
自由地下水(含水層)
不透水層
受壓含水層　　　　　　　不透水層

〔 自流井 Artesian Well 〕

自流井最大的特色在於地底存在著壓力，所以當鑿洞挖到這種水源時，不必透過幫浦加壓，水就會自然噴湧而出。

〔 一般水井 Water Table Well 〕

一般水井是在挖取到淺層或深層地下水源後，透過幫浦加壓才能取得水的井，也是最普遍的水井類型。

〔 接觸井 Contact Well 〕

這類型的井，像是在一座山的斜坡插入一根長長的吸管，穿透地表下方的岩層。由於傾斜的地形構造因素，這種井並無地底下存在的壓力，也不需要透過幫浦加壓，就能夠自然湧出水。

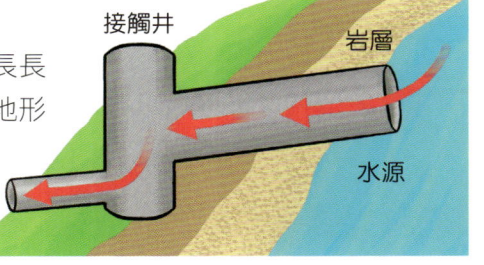

接觸井　岩層　水源

水井的種類本身並不會直接影響水的風味，但由於不同地區的水源環境條件差異，所適合採用的取水方式也會有所不同。

其中，自流井是一種相當稀有的存在。這種井通常因地形或是地底壓力而形成，也會在具有特殊地質條件的區域，例如火山活動頻繁的地帶。這些地區因地熱作用而產生高溫與高壓，導致地下水層中累積壓力，甚至含有天然氣體，因而形成天然氣泡礦泉水。

因為稀有，所以這一類的礦泉水或天然氣泡礦泉水，往往會特別標榜屬於自流井，至於是否特別好喝或優質，還是要回歸其中的礦物質成分，以及是否符合個人的身體或風味需求。

不過，雖然水源的開採與風味沒有直接關聯，卻對於水的「後續身世」密切相關。鑿井取水之後，廠商會將水源抽樣送檢，檢測水中的礦物質、微生物含量，確認是否適合飲用。如果水質安全，才會進一步制定開採計畫，包括裝設管線，能否直接連接工廠裝瓶，再送到消費者手中。除此之外，廠商也必須在顧及水的回升量與水土保持下，經過精密的計算，了解最大取水量為多少，才能推估礦泉水的產量。

如果在這個繁複的過程中，發現開採有礙，或是水的原始狀態人體不能直接飲用等狀況，必須透過處理程序，此時，這支水就不能稱為「礦泉水」，而是「純水（包裝飲用水）」。

▼ 每一支水，都是歷經重重關卡才能抵達消費者手中。

Column｜隱身山林的神祕小房間──水源地的保護

水源地經過多重評估與程序之後，廠商便會開挖，並且設置保護措施，包含兩個層面，一是管線保護，二是土壤保護。

管線保護，指的是例如水管的材質應該達到高品質不鏽鋼等級，才能保障水取出時不會有其他的汙染源，也不會在輸送過程中變質。土壤保護，指的則是對於水源地，必須嚴格保護、不得受到汙染，包含禁止經營農業、工業等，又可以細分為兩層保護圈。

水源地往往會以一個至少佔地 10 x 10 平方公尺的小房間圍起，這是第一層保護圈。第二層保護圈，是水源地以及其周邊的土壤，保護範圍有個通則，是「以水源地為圓中心，水源深度作為圓半徑向地表延伸」，也就是井挖多深，水源地周邊就要有多廣的保護區域。

雖然台灣對於第二保護圈並沒有明確法律規範，但是由於水源保護牽涉的不僅是廠商，而是國家的水資源狀況，因此對於水源地自然會設置應有的措施和設備，甚至有廠商直接將水源地整座山買下來，保護的程度遠遠超過規範。

對於水源地的位置，廠商往往是保密再保密，以免被有心人士汙染了水源，不僅利益損失，國家級的自然資源也會受到損害，所以通常只有少數內部人員得以進入，進出次數也有所限制。不過，雖然外部人士無法一睹水源地的真面目，卻可以透過申請參觀水的「裝瓶廠」，我們曾經參觀國內知名品牌礦泉水的裝瓶廠，當時也是爬上好長一段路、全副武裝才能進入！

▼ 乍看有如工具間的神祕小房間，其實是天然礦泉水的水源地。

有沒有哪些水，
讓你覺得特別好喝？

揭密水中礦物質

　　水沒有氣味，也沒有顏色，那水的風味是如何形成的？為什麼有些水喝起來特別順口，有些卻是喝一口就讓人皺起眉頭呢？在這個章節中，我們即將來破解決定水中「味道」與「口感」的重要因素──礦物質。

　　我們一般是透過食物來攝取礦物質，而不是水，因為多數人認為水中的礦物質含量很低。但其實，有一些水的礦物質含量還挺高的，甚至不亞於食物所能提供的量。因此，了解我們喝的水中有哪些礦物質，不僅和我們的健康相關，也決定這支水合不合你的胃口。

　　水中可能包含的礦物質種類非常多，在接下來，我們要帶你深入了解幾種水中常見的礦物質及微量元素。這些礦物質不僅是味道與口感的來源，也會對於人體的健康帶來不容小覷的影響。

鈉
Sodium

- 化學式 ➜ Na⁺
- 功能角色 ➜ 人體必需電解質
- 味道口感 ➜ 具鹹味

　　鈉是維持人體機能正常運作必須的電解質，不僅有助於我們身體的神經傳導、肌肉收縮與放鬆，還能維持體內水分的平衡。

　　鈉跟食鹽是不同的物質，鈉的化學式是 Na，而食鹽的化學式是 NaCl，也就是氯化鈉，氯化鈉中，鈉只佔了 40%，換句話說，每 1 公克食鹽只含有 0.4 公克（等同於 400 毫克）的鈉。

　　因此，部分礦泉水雖然沒有加鹽，卻也含有鈉的成分，而且含量並不低。水中的鈉喝起來鹹鹹的，是很接近鹽巴的味道，也因為我們很熟悉這個鹹味，所以含鈉的礦泉水接受度普遍較高，例如捷克 Vincentka 礦泉水，每公升鈉含量達到 2330 毫克，對於有心血管或是高血壓疾病的患者，就不建議作為日常飲用水。

　　除此之外，因為鈉是一種電解質，有平衡體內水分的功能，所以運動飲料普遍含鈉，這也是為什麼運動飲料會加很多糖的原因，除了糖能夠讓我們補充能量以外，也是為了降低高含量鈉在水中的明顯鹹味。所以，對糖分有所顧慮的消費者，或許可以試試天然含鈉的礦泉水，因為它含有我們人體所需的電解質，卻沒有多餘的糖分。

▲ 運動飲料中的鈉，就是一種電解質。

鈣 Calcium

- 化學式 → Ca^{2+}
- 功能角色 → 助強健骨骼、凝血
- 味道口感 → 具苦味澀感

鈣是一種人體無法自行合成的礦物質，必須額外攝取，為骨骼和牙齒的主要成分，除了維持骨骼強健，對於神經訊息傳導、肌肉活動、血液凝固等也都有輔助作用。

雖然我們普遍認為，乳製品是鈣質攝取最主要的來源，但許多人有乳糖不耐的問題，喝牛奶會脹氣、拉肚子，此時能提供鈣質的水就是不錯的選擇。以德國 Aqua Römer 礦泉水為例，每公升含有 604 毫克鈣質，1500c.c.就相當於成人一天的攝取量。

那麼，鈣在水中的風味是什麼呢？是苦味。吃過芥藍菜嗎？苦苦的芥藍菜就是鈣質含量特別高的青菜。我曾經因為營養師建議我每日至少得吃到 1000 毫克的鈣，天天逼自己吃 500 克芥藍菜，真的好苦，打成青汁更是「苦」到極點！後來學習了品水才發現，如果我當時改喝 1500c.c 含鈣礦泉水，就不必吞得這麼痛苦了……這段經驗著實令人難忘。

鎂 Magnesium

- 化學式 → Mg^{2+}
- 功能角色 → 助新陳代謝、舒緩情緒
- 味道口感 → 味道苦中帶甜

鎂也是礦泉水中常見的礦物質之一，有助於神經傳導、肌肉運作、穩定血糖和心律，而且至少對三百多種人體細胞都有輔助作用，除此之外，也有助於維持新陳代謝、舒緩情緒與入眠。

鎂含量高的礦泉水並不常見，所以許多廠商會將鎂礦物質濃縮液加入純水中販售。鎂非常特別的地方，在於它的味道「苦中帶甜」，含量低時，水會帶有微微的甜味，但是隨著含量越高，苦味也越來越鮮明。

天然水體中，每公升鎂含量達到 50 毫克，就屬於有高含量鎂的水了，不過有個例外，有支來自捷克的礦泉水──Zajecicka Horka（薩奇苦水），它的鎂含量非常高，達到每公升 4597 毫克！因此，那支水超級無敵苦！喝一小口，大概等同於一杯「濃縮苦茶 Shot」的程度。

硫酸鹽
Sulfate

化學式 ➔ SO_4^{2-}
功能角色 ➔ 幫助排泄
味道口感 ➔ 口感上具包覆感

歐洲從 17、18 世紀開始盛行水療法，也就是溫泉 SPA，當時許多醫師發現，溫泉水除了用來泡澡，還可以飲用，尤其對有皮膚、關節、呼吸道疾病的問題特別有幫助，於是，水的應用就漸漸從外用擴展到內服。當時醫師也會建議便秘的患者喝高含量硫酸鹽的水。後來，醫學上證實硫酸鹽確實有助於排泄。除此之外，硫酸鹽還有其他功能，例如有助於肝臟排毒、幫助腸胃消化和膽汁分泌，以及降低膽結石的風險。

硫酸鹽也是天然水體中常見的礦物質，它來自於地底岩層。例如，火成岩中的金屬硫化物，在經歷風化作用的過程中，會與水中溶解氧發生氧化反應，最終轉化為硫酸鹽。

水中的硫酸鹽並不會帶來顯著的味道，但會提供特殊的口感，當你喝下含有硫酸鹽成分的水時，會感覺水沒有立刻被吸收，舌頭外圍好像形成了一層薄膜，被水柔柔地包覆起來，有一種「包覆感」，就好像在桌上滴了一滴水，它沒有被桌面快速吸收，而是停留在那裡一樣。

BOX　喝多可不行！來自斯洛維尼亞的礦泉水 Donat Mg

斯洛維尼亞有一支礦泉水「Donat Mg」讓我的印象深刻。這支礦泉水中的硫酸鹽，高達每公升 2200 毫克，它在瓶身上甚至有個量尺標示，建議人體一天至多飲用 300c.c.，如果超過可能會導致腹瀉。

第一次喝到這支水是去德國學習品水時，我出於好奇，在當地買了 Donat Mg 礦泉水，由於看不懂瓶身上的德文，但又正好口渴，當天就喝掉了整瓶，結果隔天一整天都在拉肚子，本來以為是水土不服，後來仔細盤點飲食才發現問題出在「水」身上……我足足喝了超過「Donat Mg」一日建議量的兩倍！難怪腸胃如此嚴重抗議。

碳酸氫鹽 Bicarbonate

化學式 → HCO_3^-
功能角色 → 中和胃酸，助消化
味道口感 → 蓬鬆口感

碳酸氫鹽屬於鹼性物質，具有維持人體酸鹼平衡的重要功能，它在消化系統中，可以說是天然的制酸劑，因此也是胃藥中常見的成分之一。

高含量碳酸氫鹽的水是很好的搭餐水，因為碳酸氫鹽是鹼性物質，進入我們的胃之後能中和胃酸，所以某些有胃食道逆流情況的人，在享用甜點或牛排這類油脂高、酸度高的食物時，就很適合飲用高碳酸氫鹽的水，有緩解作用。不過，因為碳酸氫鹽在中和胃酸的過程中，會產生二氧化碳氣體，人體為了排出多餘的氣體，會出現脹氣與打嗝反應。

碳酸氫鹽在水中，主要帶來口感上的影響，它會提供蓬鬆感，就好像你含著一個舒芙蕾在舌頭上，蓬蓬鬆鬆的，非常微妙有趣的觸感。

矽 Silica

化學式 → Si
功能角色 → 有助皮膚、頭髮生長
味道口感 → 提供滑順口感

矽對於我們的結締組織，包含皮膚、指甲、骨骼、頭髮的形成和生長都有幫助，而且還能增加韌帶、肌腱的強度，人體並不需要大量的矽，因此建議適量攝取即可。

水中矽含量達到多少，才算是高矽水呢？高含量矽的礦泉水不常見，大部分礦泉水中的矽都偏低，所以天然水體中，每公升矽含量大於 50 毫克以上的，例如紐西蘭 Antipodes 礦泉水，每公升含有 73 毫克的矽，就屬於少見的高矽礦泉水。

矽在水中雖然不會有顯著的味道，但會提供特殊的口感，當它在你嘴裡時，就好像柔滑的絲綢拂過肌膚一般，有股滑順感，而且流速快，立刻就滑入喉中。

鉀 Potassium

化學式 ➜ K⁺
功能角色 ➜ 調節體內酸鹼平衡

鉀是身體必需的電解質之一，可以調節人體體液的酸鹼平衡。鉀也會影響神經傳導、肌肉收縮，由於這兩個功能也和心臟相關，所以當人體內鉀離子的濃度過高或過低時，可能會引起心律不整。

天然水體中的鉀含量非常低，較常見的是加入運動飲料中。以台灣國家標準（CNS）規定，運動飲料中的鉀離子濃度必須在每公升 195 微克以下，無論是天然存在或後天添加，水中的鉀含量都是極低的，低到我們無法察覺它的味道和口感。

鐵 Iron

化學式 ➜ Fe²⁺
功能角色 ➜ 穩定造血功能
味道口感 ➜ 鐵銹味，似血的味

鐵是人體造血的重要營養素之一，紅血球含有大量血紅素，而血紅素含有鐵離子，負責與氧氣結合，幫忙運送氧氣。因此，鐵在血紅素的功能中發揮關鍵作用。除此之外，鐵也和人體的代謝、免疫功能直接相關。通常我們會透過食物攝取鐵質，常見含豐富鐵質的食物有動物內臟，以及牛、羊、豬等紅肉。

相較於含鐵食物，含鐵的水就不那麼受歡迎了，因為我們血液中的血紅素主要成分就是鐵，所以含鐵的水會有近似血液的味道，每公升水只要含有 1 毫克的鐵，我們的味蕾就能夠感覺到，而且你除了喝得到，甚至聞得到！這個聞指的是我們的鼻後嗅覺，你雖然聞不到 1 毫克鐵的氣味，但是當你喝下一口水，鼻後嗅覺會讓你立刻聞到那股鮮明的鐵銹味，大多數人會直覺認為那是個怪味。

雖然高含鐵的水讓多數人敬謝不敏，但有貧血問題的部分患者，經諮詢醫師後，卻很適合透過每天飲用高含鐵水來補充鐵質。

如果你將高含鐵的水倒出，會發現過了一段時間，水變成淡黃色，時間越久變得越黃，因為其中的鐵正在持續氧化，因此，高含鐵水在保存上也有其限制，大多使用深褐色玻璃瓶盛裝，避免氧化。

(碘) Iodine

化學式 ➔ I⁻
功能角色 ➔ 穩定甲狀腺功能

　　碘是人體必需的微量元素，成人每日只需要攝取 150 微克，雖然需求量不高，但是碘是維持甲狀腺素正常分泌的重要營養素，甲狀腺素會影響身體的代謝和成長，過去台灣沒有在食鹽中加入碘時，常見因缺乏碘造成甲狀腺腫大的病患，所以現今我們的食鹽中多會加入碘。

　　天然水體中的碘含量非常低，因此我們的味蕾嚐不出來，無法得知其味道或口感，不過，如果你有機會飲用含碘的水，每公升水中只要含有超過 1 毫克的碘，就能滿足你一天的碘需求量了。

(氟) Fluorine

化學式 ➔ F⁻
功能角色 ➔ 增強琺瑯質、預防蛀牙

　　氟是人體必須的微量元素之一，可以促進人體牙齒和骨骼生長，增強琺瑯質，因此也有預防蛀牙的功能。全世界約有三十幾個國家，都在自來水中添加了氟，例如美國、加拿大、英國、澳洲、紐西蘭等，也確實達到降低兒童蛀牙率的效果。

　　這些國家自來水中的氟含量並不多，每公升水約含有 0.5～1 毫克的氟而已。其實台灣在 2017 年時，也曾針對自來水是否要加入氟化物有所討論，只是後來被否決了，原因是台灣四面環海，民眾的日常飲食中常攝取海鮮，而海鮮中已經含有微量的氟，如果自來水中也加入氟，可能會因此攝取過量。因此，台灣目前並未在自來水中添加氟，在法規中也明確規範，礦泉水中若含有超過每公升 1 毫克的氟，必須在包裝上標示「含氟化物」，如果每公升含有超過 1.5 毫克的氟，則必須標示「不適合嬰幼兒及 7 歲以下兒童食用」。

(鋰)
Lithium

化學式 → Li⁺
功能角色 → 具鎮靜效果

一般人比較熟悉的鋰的應用，大概就是鋰電池吧？其實自然水體中，也含有鋰，只是含量至多每公升 10 毫克，非常低，加上後來鋰受到法規管制，所以我們難以嚐到含鋰水的味道與口感。

20 世紀初在美國印第安納州，有一支名為 Pluto 的瓶裝水，由於具有能幫助排泄的礦物質硫酸鹽，在當時非常受歡迎，其實這支水中也含有鋰鹽（Lithium Salt），鋰鹽有鎮靜效果，在醫學上可作為一種精神科藥物，用來治療躁鬱症和憂鬱症。歐洲過去有些水療中心，會使用鋰鹽來治療精神疾病，但是鋰鹽劑量非常重要，輕則可能引起口齒不清、手抖，重則可能意識不清、癲癇，甚至昏迷、死亡。到了 1971 年，鋰在美國成為受法規管制的物質，瓶裝水 Pluto 無法再銷售，也逐漸消失在市場上。

▼ 在美國，1971 年鋰成為受法規管制的物質，於是瓶裝水 Pluto 就消失了。

水的「軟硬度」
與「水質好壞」無關

身為品水師,我們常被問及水硬度相關的問題,大眾普遍認為,軟水喝起來比較順口,而硬水喝起來澀澀的、不好入口,尤其有品茗習慣的人,對水是軟是硬更是特別講究,因為硬水煮沸容易產生沉澱物,進而影響茶的色澤與口感,不適合用來泡茶。結果,漸漸形成「軟水等於好水」的美麗迷思。

水的硬度,是指水中二價金屬陽離子(鈣、鎂離子等)濃度,通常換算為碳酸鈣($CaCO_3$)含量來表示水的總硬度。而世界衛生組織(WHO)所公佈的硬水與軟水基準,是以水中的碳酸鈣($CaCO_3$)含量為依據,將水分為四個層級:

每公升含 0〜60 毫克碳酸鈣	每公升含 60〜120 毫克碳酸鈣	每公升含 120〜180 毫克碳酸鈣	每公升含超過 180 毫克碳酸鈣
軟水 Soft Water	**中等程度軟水** Moderately Soft Water	**硬水** Hard Water	**超硬水** Very Hard Water

但其實,光靠水的軟硬度,很難真的了解水的全貌。因為硬度大多只測量了水中的鈣、鎂離子含量,當鈣、鎂離子含量高,我們就說這水屬於硬水,但是一般來說,水中還會有其他礦物質存在,例如:鈉、碳酸氫鹽、硫酸鹽等,這些礦物質也會影響水的味道、口感與相關應用,很難單純用水的軟硬來判斷。因此,品水時我們更關注的,是關於接下來要介紹的,水的「TDS 值」。

CHAPTER 2 水之味 —— 跟著品水師，一起解開水的風味密碼

品水時，你一定要知道的「TDS 值」

身為品水師，我們在認識水時，比起軟硬度，更關注水中的「總溶解固體（TDS；Total Dissolved Solids）」，其測量單位為「毫克／公升（mg／L）」，即一公升的水中溶有多少毫克溶解性固體。

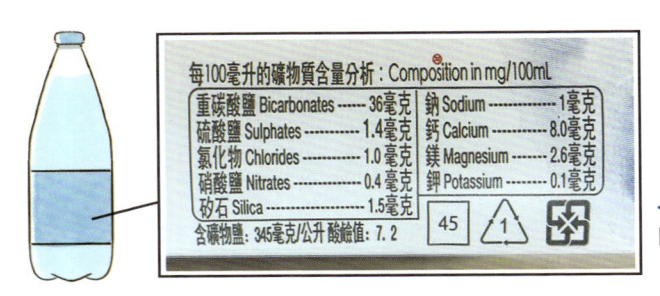

◀ TDS 的中文為「總溶解固體量」，有時也會翻成「含礦物鹽」。

若以歐盟法規來看，會將礦泉水的 TDS 值由低至高分為三個層級：

超低礦物質含量 Very Low Mineralization	每公升水含 50 mg（含）以下礦物質
低礦物質含量 Low Mineralization	每公升水含 51～500 mg 礦物質
高礦物質含量 High Mineralization	每公升水含 1500 mg（含）以上礦物質

看到這裡，你會不會有點疑惑，那 TDS 落在 501～1499 mg/L 的水呢？那礦物質含量非常高的水呢？沒錯，這部分在法令上沒有明文規定，因此我們以品水師的角度，在實務上將水的 TDS 劃分為五個層級：

超低 Very Low	低 Low	中等 Medium	高 High	超高 Very High
50 mg/L（含）以下	51～500 mg/L（含）	501～1499 mg/L（含）	1500～2999 mg/L（含）	3000 mg/L（含）

TDS 就像是一把長長的水量尺，這把量尺的範圍到哪裡呢？以我們目前品嚐過的水而言，TDS 值由最低至最高，大概從每公升 1 毫克到超過 3 萬 8 千毫克都有，像純水這類經過加工處理的水，TDS 值非常低，僅在 1～5 mg/L 左右。

以西班牙的 Vichy Catalan 天然氣泡礦泉水為例，它的 TDS 達到 3052 mg/L，屬於超高礦物質水，我們可以從圖表中看到，其中含鈉量高達每公升 1070 毫克，喝起來入口時帶鹹，尾韻厚實回甘，但是，以 WHO 對水的硬度標準而言，Vichy Catalan 的鈣含量每公升只有 15.3 毫克，鎂更只有每公升 6.8 毫克，換算為碳酸鈣（$CaCO_3$）含量，只能算是「中等程度軟水」。我們聽到「軟水」一詞，普遍會以為它喝起來是還是柔軟、輕盈的，但以 Vichy Catalan 而言並非如此。所以，水的硬度和 TDS 是兩個全然不同的概念。

Vichy Catalan 天然氣泡礦泉水的礦物質成分表

礦物質	單位（毫克/公升）
鈣 Calcium	15.3
鎂 Magnesium	6.8
鈉 Sodium	1070
二氧化矽 Silica	30
碳酸氫鹽 Bicarbonate	2031
鉀 Potassium	51.2
硫酸鹽 Sulfate	46.1
氯化物 Chloride	–
TDS	3052

▲ Vichy Catalan 雖然 TDS 高達 3052 mg/L，但在水的軟硬度上卻定義為軟水。

為什麼有濃湯感的水，也有清湯感的水？

　　TDS 的高低，和水的口感究竟有什麼關聯？廣義而言，高 TDS 的水喝起來，就像濃湯一樣，有股重量感；低 TDS 的水嚐起來就像清湯，感覺比較輕盈、柔軟。台灣飲用水的礦物質含量大多落在超低至低礦物質的範圍，所以台灣人比較習慣喝 TDS 值 500 mg/L 以下的水，相較之下，歐洲國家由於中、高礦物質水較多，尤其捷克更是有很多高礦物質水，他們對於高 TDS 水的接受度也比較高。

　　市面上許多淨水器廠商都會標榜「水的 TDS 越高，代表水中雜質越多」，導致大家誤會「TDS＝雜質」。「雜質」一詞帶有負面意味，容易誤會為水中的汙染物，但是 TDS 指的是溶於水中的礦物質總量，許多礦物質都是我們人體所需要的營養素，也是水的口感、味道的來源，所以 TDS 絕對不等於雜質。接下來我們就一起來看看，不同 TDS 值的水，有什麼樣的分別。

1 高 TDS 水
每公升水含 1500 毫克（含）以上礦物質

由於礦物質含量高，因此高礦物質水的口感、味道都會非常顯著，相較之下，在辨識風味時，高礦物質水能提供更多的訊息。

2 超低 TDS 水
每公升水含 50 毫克（含）以上礦物質

礦物質含量在每公升 50 毫克以下，就像一個空盒子，不僅口感輕盈、柔軟，味道也不鮮明，通常帶有淡淡回甘的甜味。但是，對於超低 TDS 的水，每個人品嚐到的味道卻因人而異，有些人嚐到甜味，有些人嚐到苦味，非常有趣。

以研究統計結果來看，在品嚐超低礦物質水時，亞洲人的味蕾比較容易感知到回甘的「甜味」，但是歐洲人的味蕾，比較容易感知為回甘的「苦味」，為什麼呢？因為味蕾的感知，會隨我們的社會飲食文化、個人飲食習慣、生命經驗而異。

3 低 TDS 水
每公升水含 51~500 毫克（含）以上礦物質

低 TDS 水的範圍較廣，因為 TDS 值落在 80 mg/L 是低 TDS，落在 499 mg/L 也屬於低 TDS，那口感上會有什麼差別？一般而言，TDS 越高，水在口中的份量感也越高，除此之外，含有越多種礦物質成分的水，味道和口感也會越明顯、越複雜。其實，即使是 TDS 值都是 100 mg/L 的水，因為其中的礦物質組成不同，所以營造出的口感、味道也會截然不同。

Column | 以歐洲為開端，水的療癒小史

自古以來，水與人類的生活息息相關。早在古羅馬時期，就已經發展出完善的公共浴場制度。當時的浴場不僅提供沐浴功能，還設有休憩、閱讀與運動空間，使其成為人們日常生活與社交的重要場所。此外，隨著古羅馬帝國的強盛，公共浴場遍佈帝國各大城市，成為市民生活的一部分。

雖然羅馬浴場對社會各階層開放，但不同身份（貴族與平民）會在不同時段使用，且貴族通常擁有私人浴場。此外，早期的羅馬浴場在某些場合允許男女共浴，但隨著道德觀念的變化，這種做法在後期逐漸受到限制。到了西元 212～216 年間，羅馬出現了代表性的「卡拉卡拉浴場（Terme di Caracalla）」，這座浴場是當時羅馬最大的公共浴場之一，估計可同時容納接近 2000 人。不僅可以泡澡，還設有圖書館、健身房，甚至有商業區販賣各種商品。僅管經歷戰爭與地震的摧殘後，如今仍可在羅馬一睹這座浴場僅存遺跡。

▲ 羅馬公共浴場內，人民不僅在此沐浴，浴場更成為重要的社交活動場所。

水療自古即為歐洲醫療傳統的一部分，十七世紀起，隨著醫學發展，歐洲的醫師更加關注水的療效。在藥物尚不普及的時代，許多醫師會建議身體不適者前往特定的泉水池泡湯，類似現今的水療中心。透過浸泡在富含礦物質的溫泉中，人們相信可以改善關節炎、皮膚病與呼吸道疾病，可惜礙於當時的醫學發展，無法透過科學方式進一步驗證。然而，浴場的概念在亞洲，則以溫泉的形式出現，泡溫泉被普遍認為有促進新陳代謝、放鬆身心的功能。

瓶裝水的首度現身

大約在十八世紀，歐洲已出現「瓶裝水」。由於當時尚未發明塑膠，水主要以陶器盛裝。然而，由於陶器成本昂貴，一般民眾難以負擔，瓶裝水幾乎成為「貴族限定」。例如，法國最珍貴的礦泉水——「夏特丹（Chateldon 1650）」傳說是路易十四的最愛，相傳他每天派遣凡爾賽宮的護城軍前往特定地點取水，只有像這樣位於上流階級的人才有機會一嚐瓶裝水。

隨著時間推移，瓶裝水的容器逐漸由陶器轉為玻璃，後來又演變為塑膠。由於玻璃易碎、笨重且運輸不便，成本居高不下，因此在塑膠誕生後，塑膠容器迅速普及，寶特瓶成為全球瓶裝水的主流。近年來，環保意識抬頭，國際間開始關注塑膠對環境的影響，因此市場上出現了以利樂包、鋁罐、鐵罐等材質盛裝的瓶裝水。此外，許多品牌也推出更環保的塑膠瓶，標榜降低碳排放與可持續利用。這些瓶子外觀與傳統寶特瓶相似，但更輕薄，甚至有以 100% 再生塑料製成的瓶裝容器，以減少對環境的負擔。

▲ 18 世紀時以陶器盛裝水，此種容器因造價不斐，當時僅有王室貴族得以飲用。

073

CHAPTER 3

The
Water
Sommelier

水之品

從日常生活中開始的品水練習

什麼是「品」？
一門用五感探索的課程

「品水」中的「品」，指的是「感官品評（Sensory Evaluation）」。美國食品科技學會（Institute of Food Technologists；IFT）對於「感官品評」的定義為：「人透過五感，也就是視覺、嗅覺、聽覺、味覺、觸覺這五種感覺，來測量與分析食物外觀與風味的一種科學」。

對於「外觀」，我們很容易理解，例如水的透明度、氣泡大小。而「風味（Flavor）」的構成，主要則是味道（Taste）、口感（Mouthfeel）和氣味（Aroma），分別來自我們的味覺、觸覺和嗅覺。

透過味覺、觸覺、嗅覺這三種感官知覺，造就了我們體驗到的「風味」。但除此之外，風味也會受到視覺、聽覺的影響，例如食物的擺盤方式、用餐環境中的音樂等，甚至是其他五感之外的元素。因此，雖然風味主要由「味道、口感、氣味」所構成，用餐體驗事實上是指「任何會影響味道的體驗，包含而不限於五感上的體驗」。

味道：來自「味覺」

透過舌頭嚐到的味道。一般食物的味道有「酸、甜、苦、鹹、鮮」五種，而水沒有鮮味，所以水中只有「酸、甜、苦、鹹」四種，這些味道可能來自水中礦物質，例如鈉的鹹味或鈣的微苦感。

口感：來自「觸覺」

當食物在口腔當中被咀嚼、吞嚥時，食物與口腔、牙齒、牙齦接觸而產生的感覺。例如水進入口腔時是滑順、柔和或微微的稠度，此外，水的口感也可能受到礦物質濃度、氣泡含量和溫度等不同因素影響。

(氣味：來自「嗅覺」)

透過鼻腔黏膜感測到食物分子散發的氣味，讓大腦能定位「這是什麼食物」或者「類似什麼食物」。一般來說，水沒有特殊氣味，如果聞到草地、泥土等氣味，就有可能是水壞掉或被汙染的氣味。

(其他：視覺＆聽覺)

「風味」最基本的感知，是來自味覺、觸覺、嗅覺這三種感官。但在感官品評中，透過視覺看到的食物外觀也是很重要的一環。除此之外，聽覺對餐飲體驗的影響也已經被證實。

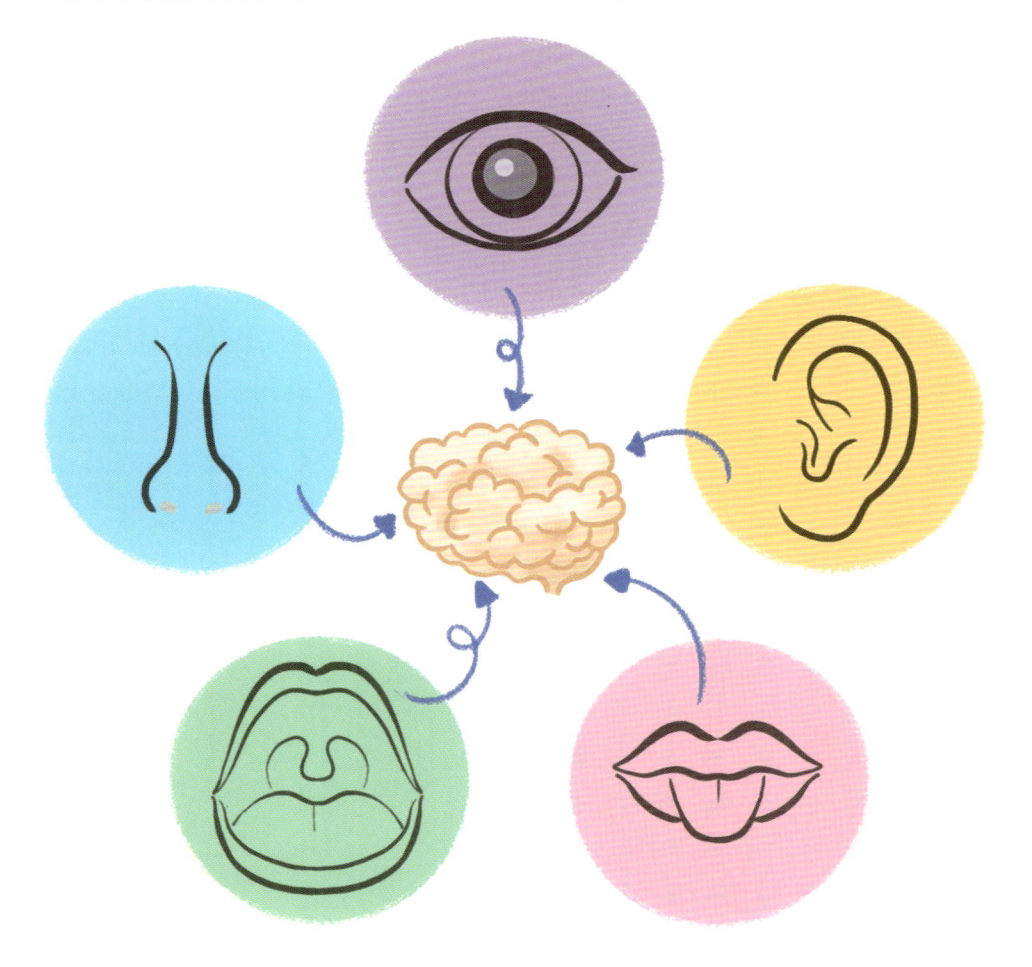

透過日常的練習，
加強感官品評的基本功

感官品評是一種能夠透過科學訓練的技能，生活中每一次的品水，都是一次練習。==當你品的水越多、對自己的感官越瞭解，對於水就能夠描述得更多、更細膩==，例如一口水入口先感受到什麼，中間有哪些微妙變化，尾韻是否回甘等。

學會感官品評，你會更懂得欣賞自己接觸的食物，一款水的背後，可能展現了大自然水源地的特徵。你也會更能感受到廚師、咖啡師、釀酒師、製茶師等的用心，因為==感官品評的能力，就是鑑賞作品的能力==。那麼，該如何加強這項能力？接下來會進一步說明。

瞭解自己的感官，
以開放的態度品嚐

感官品評時，最重要的一點是必須先「==瞭解自己的感官==」。

以視覺為例，我們非常容易因為視覺影響我們的判斷，例如形狀、顏色這類外觀上的特質。我們也普遍認為擺盤漂亮、包裝精緻的食物會很美味，但事實上並不一定。

再來說到味覺，每個人的味覺敏銳度不同，這和味蕾細胞數量有關，也和我們平常的飲食習慣有關。例如同一種檸檬汁，讓平常很少吃酸或怕酸的人喝一口，往往會覺得太酸，但對於平常愛吃酸的人，很可能覺得不夠酸。又或者，平時愛喝咖啡的人，或是喜歡吃苦瓜的人，比較不容易感知到苦味。

所以，在感官品評時，保持開放的態度是很重要的，我們要==儘可能以中立、開放的態度，如實去評量或是敘述我們的五感體驗到什麼==，否則很容易被視覺影響，自然把看見的事物和過去的經驗作比對、下結論，因為對某些食物已經有偏見，一吃就想挑

剔它。但是感官品評時，我們要學習摒除自己原有的偏好，從食物的外觀，也要從它提供的前中後味、質地、咀嚼時散發的氣味與聽見的聲音等蒐集線索，最後，才綜合五感體驗，進一步評價食物的品質。

持續覺察與整理，擴張你的感官地圖

我們的感官就像一張地圖，一張與生俱來的地圖，從我們還在媽媽肚子裡就擁有了。我們第一個擁有的感覺是**觸覺**，媽媽在撫摸肚子時，寶寶是有感覺的，因為我們觸覺神經的發展比其他感覺神經更早；相對來說，視覺的發展就比觸覺慢一些，嬰兒出生後的一段時間內，視物仍不清晰，但是**隨著成長、社會化，我們會漸漸變得非常仰賴視覺**。

感官地圖會隨著我們接觸越來越多的事物，開始慢慢建立、鋪展開來。例如，當你第一次看到了番茄、聞到了番茄的氣味、吃了一口番茄，你才會知道，原來這就是番茄的樣子、番茄的氣味、番茄的口感等，這就是感官學習的過程。我們必須親身體驗看過、聞過、嚐過，才會知道有這個風味存在。當**累積的感官經驗越來越多，才會越來越懂得如何去分辨一個食物**。

◀ 我們嚐到一個食物時，五感會協助我們定位這個食物。

剛開始，我們需要先認識自己的感官，知道自己的強項，例如，基於平常的飲食習慣，知道自己嚐出苦味的能力比較弱、嚐出甜味的能力比較強、可以吃辣等，這些都是感官感知上的特點。而在感官品評時，品嚐過三種甜味的人，和品嚐過一百種甜味的人，敘述出的內容絕對是不同的，所以擴張感官地圖非常重要。

　擴張感官地圖最直接的方法，就是**給自己更多機會去試試各種食物**，或者更細緻地去品嚐。例如，試著去察覺不同的味道。甜，是什麼樣的甜？是三分甜，還是全甜？酸，是淡淡的酸、很重的酸、死酸？你有辦法和自己的飲食經驗連結，進一步描述它嗎？

　舉例來說，現在眼前有一瓶水，裡面含有豐富的某種礦物質，如果你已經知道該礦物質是什麼味道，你的味蕾也有辦法察覺該味道的存在，這就是一門功夫。如果平常沒有特別去意識，我們大概只說得出這支水好不好喝，甚至覺得水的味道都一樣。但是，當你能夠細膩地察覺水中有甜味後，你就可以再試著進一步探索，它是濃郁二砂糖的甜，還是回甘的甜？你在日常生活當中，有沒有去覺察甜的不同層次呢？這些訓練與整理，對於感官品評和味道的認識很有幫助。

▼ 體驗過的食物越多，越能夠辨別不同風味。

當我們的餐飲體驗越多，感官地圖就越廣，這是一項可以透過練習熟能生巧的技能。透過科學訓練，感官品評讓我們學會尋找關鍵特徵，因為它本質上是一種「**定位**」的過程，這種能力需要在持續的飲食經驗中累積與整理。

　　舉例來說，當你聞到一股熟悉的氣味，大腦試圖定位它的來源，最終發現這氣味像「黑松沙士」。如果你的朋友是台灣人，他們通常可以立即理解。但對沒有這樣感官記憶的外國人來說就困難了，因為他們沒有這樣的感官經驗可以連結。這正是定位的本質——**透過感官記憶與經驗，精準辨識並描述味道或氣味**。

　　因此，**感官品評的「品」與「評」，都需要透過訓練才能達到精準**。你需要辨識出特定風味，並用合適的詞彙表達，例如「礦物質特有的微鹹感」或「回甘的甜味」。當你能在腦海中完成定位，並用具體且清晰的語言描述時，他人也能從你的敘述中感知其特性。

　　這種定位能力，離不開持續地擴展感官地圖。隨著經驗的增長，你將能更輕鬆地辨識並描述各種食物與飲品的風味，讓感官品評不僅成為一種科學方法，也成為日常生活中的藝術與樂趣。

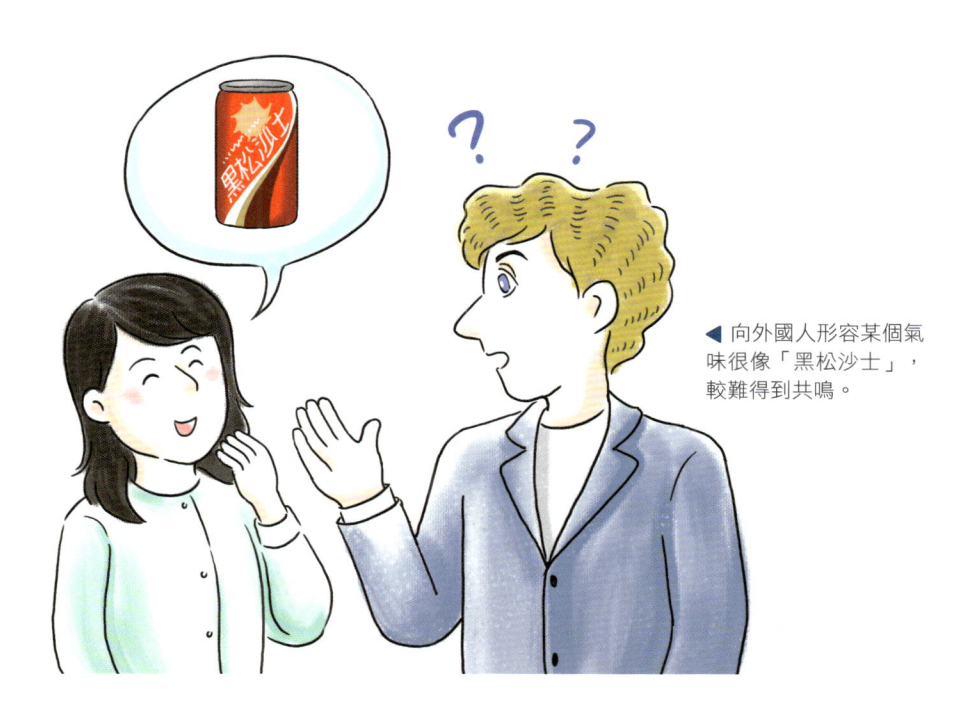

◀ 向外國人形容某個氣味很像「黑松沙士」，較難得到共鳴。

CHAPTER 3　水之品──從日常生活中開始的品水練習　　**081**

感官是品水時最重要的資料庫

在品水或進行其他評鑑時，我們所有的資訊都是來自 ==五感的體驗==，在前面我們也已經介紹過其重要性，因此接下來，就要帶大家更深入了解感官對於我們的影響。

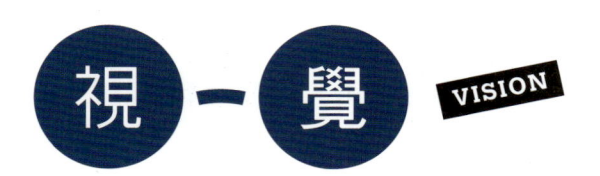

視 — 覺 VISION

我們的眼睛看到畫面後，會透過大腦分析，再作出判斷，這就是視覺產生的過程。在餐飲體驗中，因為 ==人類是受視覺主導的動物，所以我們所有的感官都會受到視覺影響==，也就是受「==食物外觀==」影響，其次才是受到風味影響。由於視覺具有主導性，這也就是為什麼餐廳的擺盤很重要，餐飲學校的學生也務必學習擺盤的藝術，因為，再美味可口的食物，如果擺上桌時「看起來」一點也不可口，就會大幅降低我們吃的欲望。

2016 年，我們曾經到「無光餐廳」用餐。無光餐廳起源於「在黑暗中用餐（Dining in the Dark）」的概念，是在 1999 年由一位瑞士的盲眼牧師所發想。後來，台灣的「驚喜製造」團隊率先引進這個概念，並延伸出許多新奇企劃。

▶ 人的感官會受到「視覺」主導，因此料理的「擺盤」非常重要。

BOX | 閉上眼睛，有可能讓我們做出更好的判斷

之前農業部茶及飲料作物改良場所推出的茶葉感官品評考試中，有一關的內容是茶湯辨識，會將台灣特色茶分別盛裝在白碗和黑碗裡。白碗裡的茶可以用茶色協助判斷，但是黑碗裡的茶，因為缺乏視覺輔助，很多學生會在這一關卡住。自從有了無光餐廳的經驗後，現在我都會對他們說：「閉上眼睛試試看吧！」去除視覺的影響，反而更能順利運用味覺分辨這些茶。

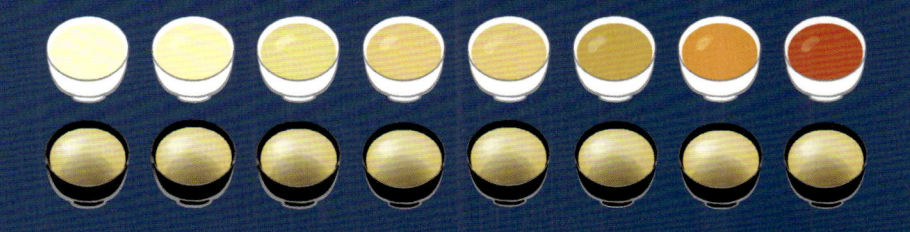

透過這次在黑暗中進食的經驗，也讓我們對感官有了新認識：首先，失去視覺後，聽覺似乎變得更加敏銳，隔壁桌的對話聲聽得格外清楚；其次，我們從頭到尾都在猜自己吃到了什麼，用餐後討論時，發現彼此的答案都不一樣，非常有趣！根據餐廳的「味蕾報告」，有 70% 的人在黑暗中把奇異果吃成芭樂；50% 的人把南瓜吃成地瓜；48% 的人將梅花豬吃成牛肉。由此可見，視覺對我們的影響確實巨大。

雖然感官品評依賴我們的五感，但更重要的是要==瞭解不同的感官==，尤其視覺上的顏色、形狀等外觀特質，特別容易影響我們的判斷。例如，我們看到水中有氣泡，直覺就認為它是氣泡水，事實上並不一定，水中的氣泡，可能只是裝水的玻璃杯，在杯壁已經有刮痕的情況下，水倒進去，很自然會有氣泡產生，其實是無氣泡的水。你會發現，你的眼睛又在欺騙你了！這就告訴我們，==要依賴感官，卻不能完全依賴「某一種」感官==，才能做出正確的判斷。

CHAPTER 3　水之品 ── 從日常生活中開始的品水練習

聽覺 HEARING

接下來談談聽覺，其實很少人在感官品評時，會注意到聽覺的影響。但事實上，不少餐廳已經懂得運用聽覺的影響力，例如刻意在店內播放快節奏音樂，使顧客因為不自覺想跟上節奏，而加快用餐速度，提升翻桌率。而除此之外，==音調、音頻，也就是高音、低音，也確實會對我們的感官體驗帶來影響==。

2016 年「世界廚師聯合大會（Worldchefs Congress）」裡的一場講座中，就在現場進行了實驗。一開始，大會現場在沒有背景音樂的狀態下，提供一個蘋果派，大家一人拿一支湯匙、挖一口，感受它的味道。隨後，現場開始播放水晶輕音樂的高頻音樂，大家再次品嚐同一個蘋果派後發現，蘋果派變甜了！接著休息三十秒，改播放搖滾樂的低頻音樂，沒想到蘋果派反而有點苦的感覺，在尾韻冒出了苦味。

透過這個實驗我們得知，在背景是==高頻音之下，甜味會比較鮮明，低頻音之下，苦味會變得相對鮮明==。換句話說，我們也可以透過高頻音樂，來提升減糖甜點的用餐體驗。有趣的是，不只是「節奏、音調、音頻」會影響用餐體驗，「咀嚼食物的聲音」也會影響我們對食物的看法。

例如，跳跳糖的「啵啵」聲讓人感到趣味無窮，氣泡水的「滋滋」聲增添爽快感，洋芋片的「喀滋喀滋」聲則讓人覺得更酥脆可口。試想，如果有一天吃洋芋片時安靜無聲，你會發現吸引力頓時大打折扣。

由於==聲音可以影響我們的食慾，是食物的另類調味劑==，因此那些「美好的咀嚼聲」也常被應用於食物廣告中。下次，當你在吃洋芋片，或者喝氣泡水時，試著閉上眼睛，仔細聽聽在你品味的過程中出現了哪些聲音吧！

嗅覺 SMELL

嗅覺是特別有趣、特別值得細談的一塊，因為事實上，**在感官品評中，百分之八十至九十的體驗，都來自於「嗅覺」**。

我們的舌頭只嚐得到酸甜苦鹹鮮五種味道，但卻無法光憑味道「定位」出食物。例如，嚐到甜味時，我們的舌頭只會知道是甜的，這時候需要依賴嗅覺，才能判斷是哪種甜味，香草還是黑糖？若試著捏住鼻子進食，你會發現只能感覺甜味，卻難以辨識具體的食物。

嗅覺的體驗可以拆分為三個步驟：「**氣味偵測**（聞到氣味）」、「**訊息處理**（嗅覺神經傳遞至大腦進行分析）」、「**做出判斷**（大腦判定食物的氣味特徵）」。然而，當大腦的嗅覺資料庫不足時，也會出現無法判斷的情況，例如台灣人聽到丁香花的氣味可能充滿困惑，但如果是薰衣草就好懂多了。

因此，感官品評要做得好，必須先擴充大腦資料庫，你得知道某個氣味，才能夠針對那個氣味進一步聯想、回應。這也是為什麼在感官品評訓練時，會使用「聞香瓶」，一種透過化學調和出不同氣味，讓使用者系統化訓練嗅覺，並對其進行分類、記憶的有效工具。這在葡萄酒（WSET）和咖啡（SCA）等領域尤為重要，因為**聞香瓶除了能擴展大腦的嗅覺詞彙庫，也為全球各地的人提供了「共通」的氣味語言**，能夠描述並交流彼此感知到的氣味。

▲ 不同語言、文化背景的人，可以透過聞香瓶作為溝通氣味的工具。

▶ 對習慣吃上海菜飯的我來說，青江菜蒸熟的味道會產生「吃飯了！」的連結，但對其他人來說卻不一定。

　　嗅覺是與記憶關聯最深的感官之一，能夠喚起人們對特定氣味的記憶與情感經驗。例如，我奶奶是上海人，她很愛做上海菜飯，飯上頭都會鋪一大堆青江菜。所以即使到現在，一聞到青江菜蒸熟的氣味，我仍然會想到：「吃飯時間到了」，但同樣的氣味對其他人來說可能沒有這個回憶，即便曾經聞過上海菜飯，也不會喚起這樣的情感連結。

　　嗅覺可以幫助我們定位，但需要透過日常訓練累積經驗，多「品」，才有能力多「評」。增加我們的生命經驗，去聞更多不同的氣味，深化和氣味連結的經驗，才有更多的敘述方式、詞彙來表達感官體驗，進一步轉為在地化的語言。

　　感官品評雖然主觀，但是當你品評時，如何描述得讓對方聽得懂也是關鍵。例如國外某些地區，會用「濕土壤」來形容氣味，這時候台灣人可能會說，我們又沒仔細聞過土、吃過土，怎麼知道濕土壤的味道？但是，台灣氣候很潮濕，大家普遍知道房間的潮濕味是什麼，這時你就可以用「潮溼房間的氣味」來取代「濕土壤」的描述。

嗅覺的組成

瞭解嗅覺的「定位」作用之後，再來看嗅覺的組成。嗅覺分為兩種，「==鼻前嗅覺==」和「==鼻後嗅覺==」。這兩者的差異，只在於氣味分子進入鼻腔內的路徑不同，鼻前嗅覺是==氣味分子直接透過鼻孔進入鼻腔==，鼻後嗅覺則是==氣味分子從口腔回溯進入鼻腔==。

以「喝茶」來說，當你聞茶香時，鼻子聞到有股檀木香，或是蘭花香等，就是屬於鼻前嗅覺；而當食物或是液體進入口腔，透過口腔運動，例如咀嚼或是吞嚥時，食物從大分子轉變為小分子時散發出的氣味分子，會從口腔來到鼻腔再吐氣，這就是鼻後嗅覺。

以臭豆腐當例子，臭豆腐讓人避之唯恐不及的臭味，就是屬於鼻前嗅覺。但是，當把臭豆腐放進嘴裡咬下後，卻有個發酵的香氣撲鼻而來，這就屬於鼻後嗅覺。

▶ 臭豆腐是說明「鼻前嗅覺」和「鼻後嗅覺」的代表性例子，入口前奇臭無比，入口後卻滿齒留香。

除了少數含特定礦物質（如鐵）可能帶有自然氣味外，水本身應為無味無臭，<mark>如果你聞到了任何氣味，多半就表示「這杯水壞掉了」</mark>，而光是水壞掉的味道，在品評時就有數十種不同的描述方式。

無論是鼻前或是鼻後嗅覺，當氣味分子附在我們鼻腔黏膜上，進一步被嗅覺接受器所接收後，就會沿著嗅神經向大腦傳遞訊息，讓大腦透過這些線索搜尋資料庫來定位、做出判斷，告訴你口腔裡的東西是什麼。

嗅覺接受器位於鼻腔最上端，而氣味分子屬於揮發性物質，需經由氣流攜帶才能到達嗅覺接受器。因此，在聞某些氣味時，可能因揮發性不足或氣流不順而難以偵測與辨識。這時候，我們在感官品評中有個附加技巧，稱為「啜吸」。

啜吸，就是藉由<mark>讓液體在口腔裡與空氣快速振動，使得氣味往鼻腔上方衝</mark>的方式，來強化鼻後嗅覺的感受，在嗅聞不明顯的氣味時是很有效的方法。不過如果你是新手，啜吸時請儘量先用冷或常溫水練習，一開始直接用剛沖好的咖啡或茶，很可能會被嗆到或燙到，反而讓舌頭或喉嚨受傷。

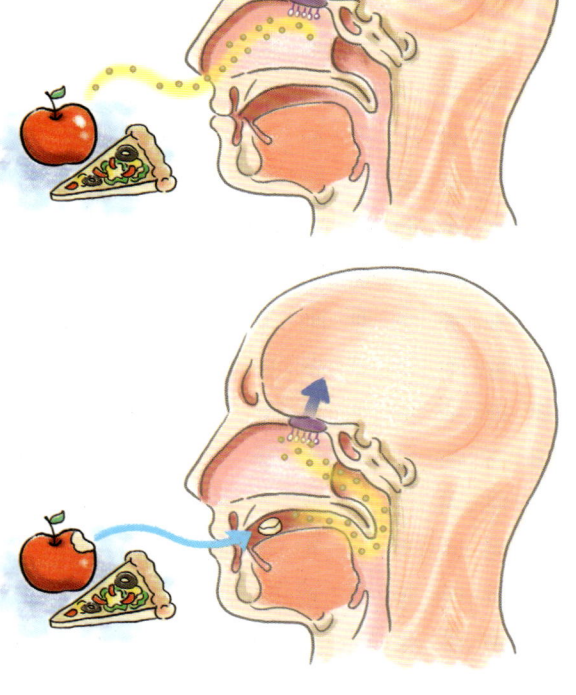

▲ 上圖為鼻前嗅覺，下圖為鼻後嗅覺，差異在於氣味分子進入鼻腔的路徑。

BOX | 讓喝水不無聊的商品設計——氣味水瓶

在德國有一個廠商推出「氣味水瓶」的商品，外觀上只是普通的水壺，但有個像奶嘴般的壺嘴，可以套上不同的「氣味圈圈」，讓你在喝水時聞到不同的香氣，錯覺自己喝的不是水，而是可樂、柳橙汁等，增加喝水的樂趣。這就是「鼻前嗅覺」的應用。這是一個很好的例子，可以清楚讓我們瞭解在品飲體驗中，「嗅覺」和「味覺」是多麼不同。

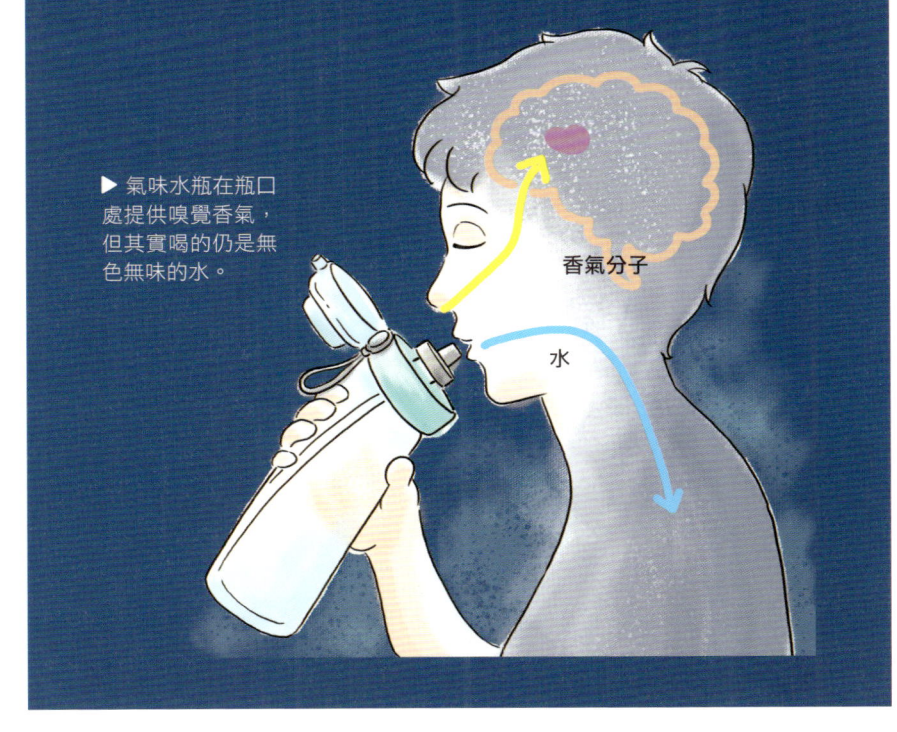

▶ 氣味水瓶在瓶口處提供嗅覺香氣，但其實喝的仍是無色無味的水。

香氣分子

水

CHAPTER 3　水之品 —— 從日常生活中開始的品水練習　089

味覺 TASTE

味覺，就如前述所提，**我們的舌頭其實只嚐得到五種味道——酸、甜、苦、鹹、鮮**，對於「酸、甜、苦、鹹」，大家應該都還蠻熟悉的，不過談到「鮮」，可能就比較陌生一點了。

鮮味，英文是「Umami」，這個詞是直接從日文音譯而來的，它是在1908年時，由當時東京帝國大學的池田菊苗博士所發現，那是存在於海帶湯中，一個讓人感到可口的關鍵元素，**鮮味的正式名稱為「麩胺酸」，屬於一種胺基酸，也就是組成蛋白質的一種成分**。雖然**水不含蛋白質，所以不會有鮮味**，但鮮味在餐飲搭配上卻是至關重要的元素，這部分我們會在下個章節中細說。

簡單來說，我們的味覺可以在水中感知到的味道，只有四種——「**酸、甜、苦、鹹**」。你可能會好奇水有酸味嗎？其實，**氣泡水就是一種有酸味的水，酸味來自其中的二氧化碳和水產生反應所形成的「碳酸」**，是一種弱酸。水雖然只有四種味道，但是天然水體不會只有單一味道呈現，光是這四種味道相加乘，就有千變萬化的滋味了。

瞭解了味覺能辨識的五種味道後，接下來，我們要來認識感知味道的部位，也就是——舌頭。曾經有一張非常出名、但後來被證實錯誤的味覺分布圖，圖中標示出舌頭的不同區域感知不同味道，例如前端感甜、兩側感酸鹹、後端感苦，它源自於20世紀初德國科學家的研究，後來在翻譯與解讀過程中過度簡化，導致誤解。

實際上，我們的舌頭布滿了**味覺乳突**，只要拿出鏡子觀察一下舌頭就會發現，舌頭上有很多一點一點的突起，那就是味覺乳突。每個味覺乳突都包含了數個至數百個味蕾，而**每個味蕾都能「同時」嚐到酸、甜、苦、鹹、鮮五種味道**，所以，**我們對味道的感知是整體性的**，雖然有些人舌頭的特定區域比較敏銳，但不代表在其他區域就感受不到。此外，口腔內的上顎、喉部甚至會厭處也都具備味覺感知的功能。

味蕾的數量也會因為年齡、基因與生活習慣而不同。但是，比起味蕾數多寡，認識自己的味蕾對不同味道的敏銳度，可能是更有意義的方向。例如常喝咖啡的人比較喝不出苦味，需要更高的濃度才會覺得苦；或者有些人特別愛喝全糖飲料，就會喝不太出甜味，這樣的人對於甜的閾值就要往上提升。

回到一開始強調的，如果要能好好地「品」，首先得好好瞭解自己的感官，認識你的舌頭，認識你味蕾的特質，對於不同味道的感知程度，之後，當要透過舌頭去找某些味道時，才能夠品得出來。

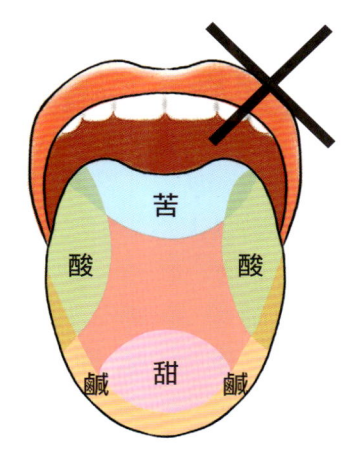

▲ 這張錯誤的味覺感知分布圖，甚至被收錄在許多教科書中。

BOX　平常飲食重口味，也會抽菸，能成為品水師嗎？

成為品水師，並不代表飲食必須小心翼翼，不能吃重口味、不能抽菸，而是你必須夠瞭解自己的味蕾，這和我們對味道的記憶方式有關。

我們對於味道的記憶，是建立在原本的生活習慣之下，由於味蕾細胞 10～14 天會汰換、更新，所以平常有喝黑咖啡習慣的人，兩週不喝咖啡後再去品一樣的水，就會和記憶中的味道出現落差；有菸癮的人，抽完菸一個鐘頭後去喝水，和兩週不抽菸後去喝水，也會是完全不同的味道。所以，只要在自己原有的生活習慣下，能夠瞭解自己的味蕾、各種感官的感知，透過訓練，人人都可能成為品水師。

觸覺 TOUCH

觸覺和餐飲經驗的關聯，是我們在品嘗食物時感受到的「口感」，形容口感的詞彙很多，而我們主要描述三個面向——**溫度**、**重量**、**感覺**。

（溫度）
沁涼、溫潤、涼、冰、常溫、熱等，屬於溫度的描述。

（重量）
稀薄、輕盈、平衡、穩重、厚實、濃郁、醇厚等，屬於重量的描述。

（感覺）
辣、澀、麻、柔和、滑順、黏稠、油潤、細緻、清爽等，屬於感覺的描述。

以上都是口感上的形容詞。

在品水時，觸覺幫助我們感受到更多細微之處，可以描述出更多細節。舉例來說，有些人喜歡麻麻的、帶點刺激的口感，所以喜歡喝氣泡水，當我們在評估氣泡水的氣泡強度時，就是大量運用到觸覺，而且會從三個面向來綜合評估——

氣泡延續性：氣泡進入口中一下子就消失了？還是吞下去之後，仍感覺口腔麻麻的？這種麻麻的感覺停留多久？

氣泡刺激度：氣泡入口時，在口腔中造成的痛覺，是強勁的，還是中等氣泡強度，還是弱的、細緻的等。

氣泡分布：氣泡是密集的、集中在一個點？還是分散的、分布均勻的？

由於感受氣泡強度時，運用的是一種痛覺感知，所以我們也常會這樣譬喻：假使你被 A 打了一拳，你的感受是「一開始被打到很痛，但是很快就不痛了」；而被 B 打了一拳時，你感受到的是「剛被打到時沒那麼疼痛、但是疼痛感持續很久」。套用到氣泡水來說，就是 A 氣泡水「入口時的刺激度高，但是氣泡一下就消失了」；B 氣泡水「入口時刺激度不強，但是氣泡延續很久、很慢才消失」。必須綜合考量氣泡的刺激度、延續性、分布，才能判斷出氣泡的強度。

「觸覺（口感）」帶來的感受非常關鍵。**餐飲業會依照消費者的喜好，透過刀工和烹調方法改變食物的質地，營造不同的口感**。例如馬鈴薯，可以是一整顆完整、蒸熟的馬鈴薯，也可以做成馬鈴薯泥，甚至加入奶油，讓原本粉感的馬鈴薯泥變得更綿密，這些都是口感的應用。

然而談到這裡，究竟口腔中的觸覺刺激訊息，是如何轉化為我們感受到的口感呢？

口腔中的觸覺刺激，會透過感覺神經，也就是三叉神經傳遞訊息給大腦，大腦再做出判讀。三叉神經分為三個主要分支，分別支配前額、臉頰和下巴：

(眼神經)
分布於額頭、淚腺和篩骨。

(上頷神經)
分布在上頷區的牙齒、味蕾及部分面部皮膚。

(下頷神經)
分布在咀嚼肌傳入和運動的部分、舌頭及下口區域。

三叉神經不僅能幫助我們對觸碰、溫度、痛覺作出反應，也能夠回應化學氣體的刺激，例如生魚片沾哇沙米，入口很嗆、還會流眼淚，讓我們誤以為有殺菌的效果，其實是因為三叉神經中的眼神經分布在淚腺中的關係，淚腺受到哇沙米的氣味分子所刺激而流出眼淚。

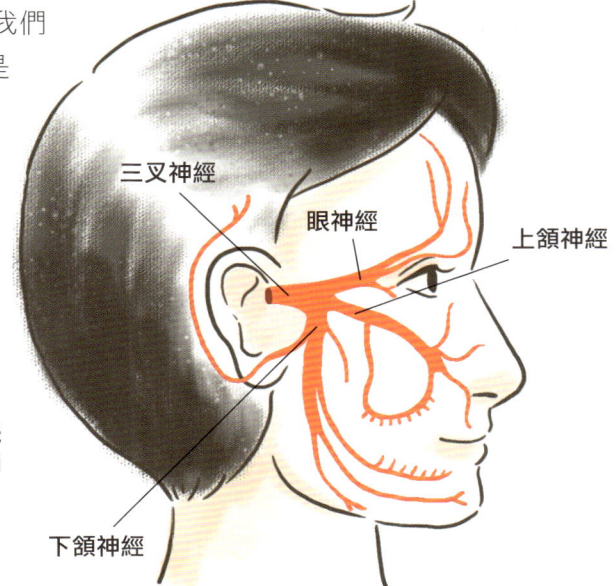

▶ 我們感受到的口感，是觸覺刺激透過三叉神經傳遞到大腦後得到的結果。

品評設計的四大關鍵要點

　　我們品水師在接受委託時，為了達到有意義的結果，不僅需要先了解品評的需求，為了確保結果的公信力，也會==不只參考單一人士、單一時間的品評，而是要求幾個人品評後，結果必須達到某程度的一致性，才能下結論==。以下四點，就是我們在設計品評時需要考量的關鍵要點。

目 的
Purpose

大致分成兩個面向，一種是關於「==產品特色==」，另一種則是「==產品如何應用==」。換句話說，你是想知道這支水有哪些特點？還是想了解這支水和餐點的搭配性？這兩者的著重點完全不同。

信 度
Reliability

信度指的是==穩定度==、==一致性==。也就是同一個樣品，在不同時間、環境、心情下品評，如果答案都是一樣的，代表結果一致，也就是信度高。

除此之外，品水師之間的交流也是相當重要的相互學習。可以建立Study Group分享品評描述，更能夠精準傳遞，和消費者產生連結與共鳴。

效度
Validity

效度則是指準確度、真實性。例如當我們品某一支水，發現帶有甜味，而這支水中也確實包含提供甜味的礦物質，品評結果與真實結果符合。

對象
Target

必須了解使用這項商品的對象，是普羅大眾、一般消費者？還是專業人士？專業人士是餐飲還是水商？**隨著對象不同，品評使用的詞彙也要跟著轉換**，才能讓描述真正與對方產生連結與共鳴。

開始品水前，
要先做好的基礎準備

在上一篇中，我們已經了解到感官的重要性。感官品評可以說是一個非常細膩而高專注的過程，任何細微的變數，都有可能影響品評的結果。因此在開始品評之前，我們會需要做些準備，消除可能的干擾元素，才能確保自己進入最好而穩定的品評狀態。

〔 個人的準備 〕

1 確保身心的餘裕狀態

當人們**在壓力大、心浮氣躁的狀態，例如趕著要進行下一件事情時，會影響感官的敏銳度和判斷力**。所以，在感官品評前的第一個重點，就是要處於能靜下心、不被打擾，心理和時間上都沒有壓力的狀態。最好的時段是**早上 9 點到 11 點**，因為這時間大多已經用完早餐，但還沒到午餐，可以減少飢餓或吃太飽等生理上的干擾，是一個腸胃比較舒服的狀態。此外，也**不宜在感冒時品評**，因為鼻黏膜會增厚，導致氣味分子不容易穿透黏膜、被嗅覺接受器偵測到，品評的結果勢必大打折扣。

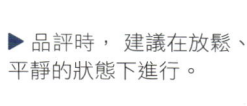

▶ 品評時，建議在放鬆、平靜的狀態下進行。

2 避開香氣的清潔保養品

為了做好品評，**平常使用的保養品、化妝品、洗髮沐浴用品等，建議儘量使用無香味的品項**。口腔清潔用品方面，要避免清涼感太重、薄荷味太重的牙膏、牙線等，因為多餘的氣味會干擾你的嗅覺和味覺，影響品評結果。

▶ 儘量選擇無香味、無清涼感的生活用品。

3 品評期間的飲食控管

在感官品評當天，我們建議飲食清淡，但是不建議完全不進食喔！因為**飢餓感會影響我們的判斷力**。適量飲食，讓身體維持在舒服但沒有負擔的狀態是最好的。

其他注意事項：

★ 感官品評前一晚：不吃辛辣食物，例如麻辣鍋。

★ 感官品評前一小時：不喝咖啡、茶，也避免重口味食物，其他例如甜點、薄荷糖、口香糖等，都不建議食用。

▲ 品評當天建議清淡飲食，以免影響嗅覺、味覺判斷。

BOX │ 這些生活小習慣，會損害味蕾的敏銳度！

我們看過一位學生在參加感官品評考試前，可能是希望讓自己的味蕾更清新，所以很努力地刷舌苔。但是，這個動作代表你對味蕾的誤會可大了！用力刷舌苔只會導致味蕾受傷。我們的味蕾需要 10～14 天才會汰換、修復、更新，所以這時刷舌苔一定會影響品評結果。不僅是用力刷舌苔會傷害味蕾，包含吸菸、胃酸逆流症狀、喝燙口飲品等，也都會對味蕾造成損害、影響味蕾更新、減弱味蕾敏銳度。

▲ 生活中很多小習慣，都會降低味蕾的更新和修復速度。

CHAPTER 3　水之品 —— 從日常生活中開始的品水練習

(環境的準備)

1 沒有噪音干擾

開平餐飲學校的感官品評教室，使用了雙層隔音玻璃，目的就是徹底阻擋噪音。因為我們聽覺接收的訊息，會影響心理狀態，你不只會因為噪音分心，甚至可能會感到煩躁，所以環境上務必要排除噪音干擾，這一點非常重要。

2 光線也得講究

由於燈光顏色會影響液體顏色或外觀，進而影響我們的判斷，所以，建議在自然柔和的白光下進行品評。除此之外，要特別避免陽光直射、光線不足、光線不均的情況，不能這一處暗、那一處亮，也不能使用黃光，以避免影響品評結果。

3 避免出現異味

氣味會影響我們的嗅覺感知與判斷，所以我們學校的感官品評教室是禁止飲食的，中午學生必須到外面用餐，因為如果在這個空間裡吃東西，就會製造味道。曾經有同學在上課時為了提神擦薄荷油，結果整間教室都充滿了薄荷味，同理，也要避免使用香味太重的用品。

4 適宜環境溫度

氣溫的部分，建議以 23°±1°C 為準，因為環境溫度高時，我們會變得浮躁、靜不下心來；若是溫度太低，也會讓你分心，所以 22°C～24°C 是最適宜的環境溫度。

▶ 開平的飲品教學研究室，從燈光、隔音到設備都是依照品評的專業需求設計。

5 使用標準化器具

品評時通常會使用 ISO 杯，ISO 是國際標準化組織（International Standards Organization）的簡稱，ISO 杯則是 1970 年代由該組織所設計的品鑑用玻璃杯，容量為 215ml±10ml，可以用來品所有飲品。平常我們品酒時，會因應不同酒類，而使用不同的杯款，其杯身、口徑、杯緣設計都是為了特定酒款而打造。但是在感官品評時，最重要的一點是「保持中立」，所以我們會使用「不會特別凸顯液體特色」的 ISO 杯。

6 一次品多少量？品多久？

品評時，每一杯倒在 ISO 杯裡的液體，我們稱為「樣品」，會倒到 ISO 杯身最寬的位置，大概正好是 30ml，這是最適合感官品評的量，如果裝到 100 ml，當要品評的數量一多，很容易對品評者造成負擔。此外，每次品評的樣品數最好在 6 杯以內，並於 20 至 30 分鐘內完成。這樣可以避免味蕾疲乏（又稱「味蕾適應」），也就是指同類的食物，因為喝下或吃下的量太多，導致味蕾敏銳度下降的情況。

▶ 品評時會使用不會凸顯液體特色的 ISO 杯，並建議每次品評的樣品數在 6 杯以內，於 20 至 30 分鐘內完成。

20-30mins

x6

怎麼開始「品」？
看、聞、品嚐的重點

接著我們一起來了解品水的步驟。首先，將水倒到 ISO 杯杯緣最寬的地方，也就是杯身最胖的地方，大約會倒入 30ml 的水量，這個水量，會方便我們透過搖晃杯中的液體來觀察。

▶ 將水倒到 ISO 杯的杯身最胖的地方，約是 30ml。

step 1 看

不要把杯子拿得很高，以平視或往下看的角度看 ISO 杯中的水，並搖晃杯子，讓水在杯中形成一個小小的漩渦。

▲ 第一步「看」：先觀察水的透亮度和清澈度，再搖晃杯子，同時觀察水的流速、黏稠度。

看 的重點

1. **清澈度**：瞭解水的安全性和特性。有沒有沉澱物或汙染物？確認飲用上有沒有安全疑慮，如果有沉澱物，也可以試著推測這杯水的礦物質含量。
2. **透亮度**：欣賞水傳遞的美感。觀察水的反光程度，欣賞水在光映射下的美。
3. **黏稠度**：這是最主要的部分，用以推測礦物質含量多寡。礦物質含量越高的水，口感越厚重、流速也相對較慢。透過搖晃杯子觀察水的流速，是像奶油一樣濃稠的流動？還是很輕盈的流動？觀察水沿著杯壁滑下來的速度，以及水在杯壁上的沾黏程度，透過視覺推測水的口感輕盈或厚重，裡頭的礦物質是豐富還是薄弱稀少。

▲ 往上的視角較不容易觀察，為錯誤的觀察視角。

BOX | **為何礦泉水瓶身會標示「出現沉澱物屬於自然現象，請安心飲用」？**

一般而言，鈣、鎂含量高的水，比較容易出現沉澱物。水中的礦物質總含量（TDS）達到 300～400 mg/L 左右的礦泉水，可能就看得出沉澱物了，例如 Evian 依雲天然礦泉水，因為礦物質含量達到每公升 300 毫克以上，所以廠商會在瓶身標籤註明「出現沉澱物屬於自然現象，請安心飲用」。這些沉澱物是礦物質的結晶，水的 TDS 越高，結晶體也會越大，甚至有些礦物質總含量落在每公升 2000～3000 毫克的水，沉澱物累積成如同小石頭的狀態，並不代表水壞掉了。

要特別注意的是水中的「漂浮物」，也就是所謂的「生物膜」，有時候倒家裡除濕機水箱的水時，水面上是不是會漂浮著一層物質？那就是生物膜，或者杯子沒有洗乾淨時，杯壁上會出現一層滑滑的物質，那也是生物膜。生物膜是衰變的生物細胞，其中還包含了細菌，所以當水中出現生物膜，就代表不適合飲用了。

step 2 聞

先將鼻孔裡的氣吐出後,再把鼻子靠近杯子,再往杯子裡大力吸氣,接著用鼻孔往杯外吐氣,感受水中的氣味(這時不再往杯裡吐氣,以免影響杯中水的氣味)。因為水不應該有任何氣味,這個步驟的目的是確認這杯水能夠安心飲用。

▲ 第二步「聞」:先在杯旁用鼻孔吐氣後,再往杯子裡大力吸氣。

聞 的重點

透過聞,偵測水有無壞掉的氣味,確認水能否飲用。請記住,水不該有特殊氣味,而是無味的。如果聞到水有味道,可能就是水壞掉的氣味。

水壞掉的氣味包含花香味、青蘋果味、塑膠味、土壤味、草地味等,可以透過辨識氣味來推斷水的汙染源,以及是在哪個環節受到汙染,裝瓶?儲藏時?還是包裝時?甚至是水源地本身被汙染。

step 3 品嚐

品嚐這步驟會分成兩階段，第一口「找味道」，第二口則是「找口感」。

▶ 第三步「品嚐」：第一口為辨識水中的味道，第二口時要大口一些，感受一下水在口腔中引發的觸覺。

品嚐 的重點

1.第一口，找味道： 將水覆蓋整個舌頭，品嚐水中的味道——酸、甜、苦、鹹。如果喝到甜味，要辨別是在入口時感覺到甜味？還是中段？或是尾韻有回甘的甜？此外，有喝到酸味嗎？苦味？鹹味？以及，瞭解這些基本味道，在你舌頭的哪些部位比較鮮明，這部分每個人都不太一樣，知道自己的舌頭對於哪種味道較敏銳，日後品水時找這些味道會更快、更容易。

2.第二口，找口感： 第二口喝大口一些，覆蓋整個舌頭之後，讓水在舌上和舌下靜止，感受它的溫度和重量，以及在口腔中晃動、吸漱、流動時提供的觸感，最後，把這口水吞下去，再給自己 5 到 10 秒鐘，去感受它有沒有延續性，因為水會持續給你一些觸覺體驗，也就是我們所謂的「口感」。

要在短時間內獲取這麼龐大的訊息量其實很困難，但是受過訓練之後，是可以辦到的，因為你會知道你要找什麼，最後一個步驟就不再需要分成兩階段，而是同時去感受味道和口感。以上就是我們的品水三步驟。

BOX | 好像嚐不出水的特點，怎麼辦？

礦物質成分很高的水，它會有一定的重量感，就像在搖晃一個裝滿東西的箱子。所以我們在品嚐的時候，會去感受它是一個空箱子？還是有裝東西的箱子？一開始可能不容易分辨，因為沒有對照的對象，所以我們的資料庫必須擴充，去喝過、見過更多的水。在培養品水師的訓練當中，我們會先從低礦物質的水開始，慢慢喝到高礦物質的水。當你的經驗夠多、夠廣的時候，喝一口就能大約知道這支水的礦物質含量。

為每支水留下紀錄！
增加經驗值的「品水筆記」

身為品水師，我們需要不斷提升自己的專業知能，最務實的方式就是多品、多嚐，持續擴充自己的資料庫，當你的品評經驗越來越豐富時，難免會遺忘，這時，「品水筆記」就是協助我們在擴充資料庫的同時，還能避免遺忘的好工具。

品水筆記的製作方式，是在品水後，立刻記下水的「味道、口感」，也可以將當下的情緒、狀態、一起用餐的對象、空間等，一併記錄下來，以加深你對這支水的記憶，此外，該支水的「品牌、誕生背景、成分特點、獲獎紀錄等其他相關資訊」也是構成筆記的一環。過去我們品評過的水中，有些礦泉水產量比較稀缺，並未在台灣販售，但因為我們當時做了筆記，後來在查閱筆記時，就能夠回想起當時喝那支水的感覺。

品評筆記的應用也不限於品水的領域，品紅、白酒時也是一樣的，這麼多支酒，如何記得每支酒的風味、年份、葡萄品種呢？試著留下紀錄，這份紀錄必定會成為你的好幫手。

Antipodes
安蒂波迪斯礦泉水

基本資訊 Basic

◆ 口感＆味道：
  輕盈柔順，回韻清雋微酸
◆ TDS：130mg/L
◆ 產地：紐西蘭
◆ 泉水：自流泉
◆ PH 值：6.9
◆ 礦物質成分：

礦物質名稱	單位（毫克/公升）
鈣 Calcium	3.5
鎂 Magnesium	1.8
鈉 Sodium	11
二氧化矽 Silica	73
碳酸氫鹽 Bicarbonate	35
鉀 Potassium	3.3
硫酸鹽 Sulfate	4.5
氯化物 Chloride	7.0

獲獎紀錄　Awards

- 2014, 2012, 2010 年伯克利國際水品鑑大賽（Berkeley Springs International Water Tasting）最佳氣泡水
- 2016 年伯克利國際水品鑑大賽（Berkeley Springs International Water Tasting）最佳礦泉水和最佳包裝獎
- 2016 年國際品水大賽（Fine Water Taste Awards）礦泉水品嚐類金獎
- 2017 年國際品水大賽（Fine Water Taste Awards）礦泉水品嚐類銅獎
- 2020, 2018, 2017, 2015, 2013, 2011 年伯克利國際水品鑑大賽（Berkeley Springs International Water Tasting）最佳氣泡水和最佳包裝獎

誕生背景　Background

來自紐西蘭北島東岸瓦卡塔尼小鎮，由於人口密度極低且未有商業活動，因此擁有純粹無污染的天然環境。水源深藏在地下 300 公尺，不僅是紐西蘭目前最深的蓄水池，也因歷經火山岩層數十年層層濾化而造就清澈純淨之水質。

成分特點　Ingredients

富含礦物質成分「矽」，有助於人體合成膠原蛋白和維持骨骼韌性及強度、保持肌膚健康有彈性，對於指甲、頭髮、牙齒之健康有輔助功用。

品評隨手記　Notes

◆ 地點：家中　　◆ 心情：平靜　　◆ 時節：秋季

第一次喝 Antipodes，發現就像日常飲用水，不過並不是認為它平凡無奇，而是因為喝起來非常輕盈、柔順，猜測應該是屬於低礦物質含量的水，看了水的標籤後發現它含有的二氧化矽很高，也是這支水的特點。

Vichy Catalan
維奇嘉泰蘭天然氣泡水

基本資訊 Basic

- 口感＆味道：天然微氣泡，入口時帶鹹，尾韻厚實回甘，冰鎮後飲用更能展現不同風味。
- TDS：3052mg/L
- 產地：西班牙
- 泉水：自流泉
- PH 值：6.26
- 氣泡強弱：1（最強為4，最弱為1）
- 礦物質成分：

礦物質名稱	單位（毫克/公升）
鈣 Calcium	15.5
鎂 Magnesium	6.8
鈉 Sodium	1070
二氧化矽 Silica	30
碳酸氫鹽 Bicarbonate	2031
鉀 Potassium	51.2
硫酸鹽 Sulfate	46.1
TDS	3052

誕生背景 Background

來自於西班牙溫泉勝地赫羅納 Caldes de Malavella。Modest Furest 醫生於西元 1881 年時發現此處泉水對健康之益處，開始著手進行研究，至今使用該泉水的溫泉旅館 Hotel Balneari Vichy Catalan 仍提供水療服務。

成分特點 Ingredients

Vichy Catalan 維奇嘉泰蘭於 1889 年開始裝瓶至今，是西班牙最著名的礦泉水品牌。在水源處不斷從地底下冒出攝氏 60 度天然氣泡水，是世界上少有的天然氣泡水之一。水中富含多種礦物質及微量元素，運動時飲用可補充身體流失的水分及電解質，佐餐時飲用亦可幫助消化。

品評隨手記 Notes

第 1 次品評

- 地點：德國 fine dining 餐廳
- 心情：愉悅
- 時節：冬季

第一次喝到 Vichy Catalan，發現它帶有明顯的鹹味，令我相當驚豔，因為非常獨特、有別於一般的水。

第 2 次品評

- 地點：戶外
- 心情：有些煩躁
- 時節：夏季，晴朗炎熱

在非常口渴的狀態再次喝 Vichy Catalan，鹹味似乎沒有第一次喝時鮮明，有感受到止渴的效果。

第 3 次品評

- 地點：台灣牛排館
- 心情：開心
- 時節：秋季

牛排有一定的鹹度，所以並未感覺到 Vichy Catalan 原本鮮明的鹹味，但過去吃牛排時習慣搭配些許鹽來提味，今天可以省略。微弱的氣泡強度和牛排的搭配相輔相成，非常好的體驗！

BOX｜怎麼衡量「氣泡強度」呢？

在認識氣泡水時，我們也會評估「氣泡強度」。氣泡強弱共分為 4 級，最強為4，最弱為1。如果大家好奇強度的差異，可以購買包裝上寫著「5GV」的市售氣泡水喝喝看。「GV」指的是「Gas Volume氣體容積」，表示「每 1 公升水中，溶入了 5 公升的二氧化碳氣體」，GV 數越高，代表氣泡強度越強。5GV 的氣泡水，大約會落在「氣泡強度 4」的等級，相較之下，氣泡強度為 1 的 Vichy Catalan，喝起來氣泡感就會比較弱、氣泡也比較細緻。

CHAPTER 4

水之饕餮

讓餐飲體驗加倍提升的飲水風味學

The Water Sommelier

餐桌上的那杯水，
可以讓你的餐點
更津津有味

在這一章，我們來探討生活中非常重要的一環，那就是飲食。餐桌上的那杯水，可以讓你的餐點吃起來津津有味、圓滿和諧，也可以讓你嚐起來衝擊十足、驚豔美味。水，是最佳配角，小小點綴卻可帶來豐富變化，是塑造美好餐飲體驗不可或缺的功臣。餐水搭配的目的，是藉由水與佳餚、飲品的共舞，達到提升整個餐飲體驗的效果。這個章節，正是要談談水在餐飲中的應用。

我們主要介紹的是<mark>「餐水搭配（Pairing）」，其中包含了「水和餐」以及「水和飲品」</mark>的搭配，當水中的味道與食物的味道組合時，會帶給我們什麼樣的體驗，例如展現和諧的風味？還是嚐起來充滿驚喜感？而不同的餐點（前菜、主菜、甜點）、飲品（酒、茶、咖啡），分別適合用什麼樣的水來搭配，原因又是什麼？這是我們在這章節主要探討的內容。

除此之外，水在餐飲中的應用還包含了<mark>「水入菜」</mark>，但這屬於比較進階的內容，所以我們決定以讓大家最容易理解、應用的方式表現，因此在本章最後，也提供了幾種將礦泉水或氣泡水結合料理或飲品的方法，取代複雜的學理說明，希望讓各位能輕鬆的感受水在餐飲應用的趣味。

期待你帶著一點玩心、一點好奇，以及對認識水的渴望，一起走入水與餐飲的世界吧！

CHAPTER 4　水之饗宴 —— 讓餐飲體驗加倍提升的飲水風味學

精緻的餐飲體驗，
來自「味道」和「風味」的堆疊

當我們談到水在餐飲上的應用，首先會了解「味道」及「風味」變化。

==味道（Taste）是指我們透過味蕾嚐到食物的酸、甜、苦、鹹、鮮五種基本味覺==。因此，味道的範圍是固定的，只有這五種。而在餐飲體驗中，我們不僅僅是品嚐味道，還包括了口感的營造。想像你正大快朵頤一支香料烤雞腿，這隻雞腿的肉質如何？是嫩的？硬的？多汁的？還是乾澀的？這些形容詞便是對口感的描述。然而，當我們描述香氣、味道、口感與質地等綜合的美味體驗時，我們會用「風味（Flavor）」來表達。

味道是理性的表現，而風味則是感性的連結，往往與我們的情感與記憶產生關聯。如何連結呢？這與每個人的生命經驗有關。以「養樂多」為例，有些人喜歡喝，有些人則不喜歡。為什麼呢？不喜歡的人可能是喝到養樂多時，想起了過往的艱苦，想起了貧乏的時期；而喜歡的人，則可能會想起童年的歡樂，回想起來便是笑容滿面的美好時光。正因為生命經驗不同，我們對食物的偏好也不同。因此，感官上的喜好是極具主觀性的，因為它與每個人的生活經歷緊密相關，所以沒有絕對的對錯。

==我們的生命經驗，也會影響我們如何描述食物的風味==，因此風味描述其實是一種非常主觀的感受。以咖啡為例，假設你面前有一杯淺焙咖啡，淺焙咖啡的特點是帶有原始咖啡豆風味的酸度。這果酸對我來說類似檸檬酸，但對你來說或許更像金桔酸。雖然金桔和檸檬都屬於水果味的描述，但由於我們的生命經驗不同，對食材的熟悉度也有所不同。對某些人來說，檸檬比金桔更為熟悉，因此，描述同樣一杯咖啡時，我們的用詞也會有所不同。

同理，==在做餐飲搭配時，對食物風味的描述並沒有絕對的標準答案==。品水師、品酒師、咖啡師等品評專家，通常會給出一些方向性描述，藉此喚起記憶與情感，幫助你更容易理解食物的風味。例如，假設眼前有一杯水果風味的

咖啡，咖啡師可能會說它帶有一點檸檬、一點萊姆，這些形容詞都屬於水果味的範疇，但具體的描述會根據不同的詞彙來觸動你的記憶，讓你能更準確地想像這股水果味。

如果換成一杯堅果香氣的咖啡，描述可能會變成「它帶有杏仁、核桃的香氣」，這兩種香氣都屬於堅果味，當你比較常接觸到哪種堅果時，這些詞彙便能喚起你對該香氣的記憶。當這些詞彙對應到你腦海中的記憶時，就像寶箱被瞬間解鎖一般，你便能立刻心領神會：「對，這就是我嚐到的味道！」因此，**餐飲搭配的描述往往透過與記憶相契合的詞彙來表達，以便讓對方更容易理解並產生共鳴，這樣我們才能營造出更美好的餐飲體驗。**

理解味道與風味的關係後，你會發現，味道較為單純，只有酸、甜、苦、鹹、鮮五種，**而風味則更為複雜，不僅包含了味道，還包括了口感與香氣**。前面我們提到香氣的作用，是幫助我們辨識食物的身份。

CHAPTER 4　水之饗宴 —— 讓餐飲體驗加倍提升的飲水風味學　113

如果你想了解味道與香氣的關係，可以試試這個小實驗：準備一匙香草糖，捏住鼻子後吃一口。你會感覺到甜味，但並無法確定它具體是哪種甜。當你放開鼻子，呼吸到的香氣會告訴你，這股甜味來自黑糖、香草還是焦糖？

我們依賴香氣來辨識食物，如果捏住鼻子，所有的甜味便都會變得相似，唯一的區別就在於它的甜度。這也是為什麼當我們感冒鼻塞時，用餐時會覺得食物無味，因為我們只能感受到單調的味道，而非完整的風味。

至於視覺呢？人類是視覺主導的動物，食物的外觀，無論是包裝設計還是餐點擺盤，都能激起對美味的期待。看到精美的食物包裝，往往會期待其內容不會讓人失望。如果風味不如預期，則會讓人更加失望。此外，視覺也會提供我們線索。這就是為什麼分子料理令人驚豔，因為當我們以為眼前是A，入口後卻發現是B的風味。

最後，別忘了，當我們在吃東西時，聽覺也會影響我們的感官體驗。想想當你咀嚼炸雞或洋芋片時，那酥脆的「喀滋喀滋」聲，總讓人忍不住想再吃一口。餐廳播放的音樂或周遭環境的聲音，也會影響味道及用餐節奏。這表明，餐飲體驗中，聽覺同樣扮演著重要角色，從環境音響到食物咀嚼聲，這些都在塑造我們的用餐感受。

越是精緻的用餐體驗，往往是由許多細緻的元素構成，從味道的搭配到風味的塑造，這些元素都在不斷地互動和交織。在這樣複雜的體驗中，是否有什麼搭配原則是我們能夠掌握的呢？其實是有的，讓我們一同探討。下一篇，我們將結合科學與餐飲應用，先來探討「酸、甜、苦、鹹、鮮」這五種基本味道的運用。

▲ 試著捏住鼻子吃一口香草糖，能夠感受到的只有「甜味」而已。

從剛剛好的鹹到死鹹？
影響用餐愉悅度的「單一味道」

　　現在，我們回過頭來了解「味道」，因為味道是我們能夠直接體驗到的。我們舌頭上的味蕾細胞就像一個接收器，食物進入口腔、被分解成大小分子，當這些分子和我們的接收器對準了，就會產生訊息傳遞至大腦，告訴你吃到的味道是什麼？鹹甜酸苦鮮的哪一種？而這些味道，與我們人體的愉悅度也有緊密的關聯。如同下方的「四種基本味道的愉悅感評價」圖表。

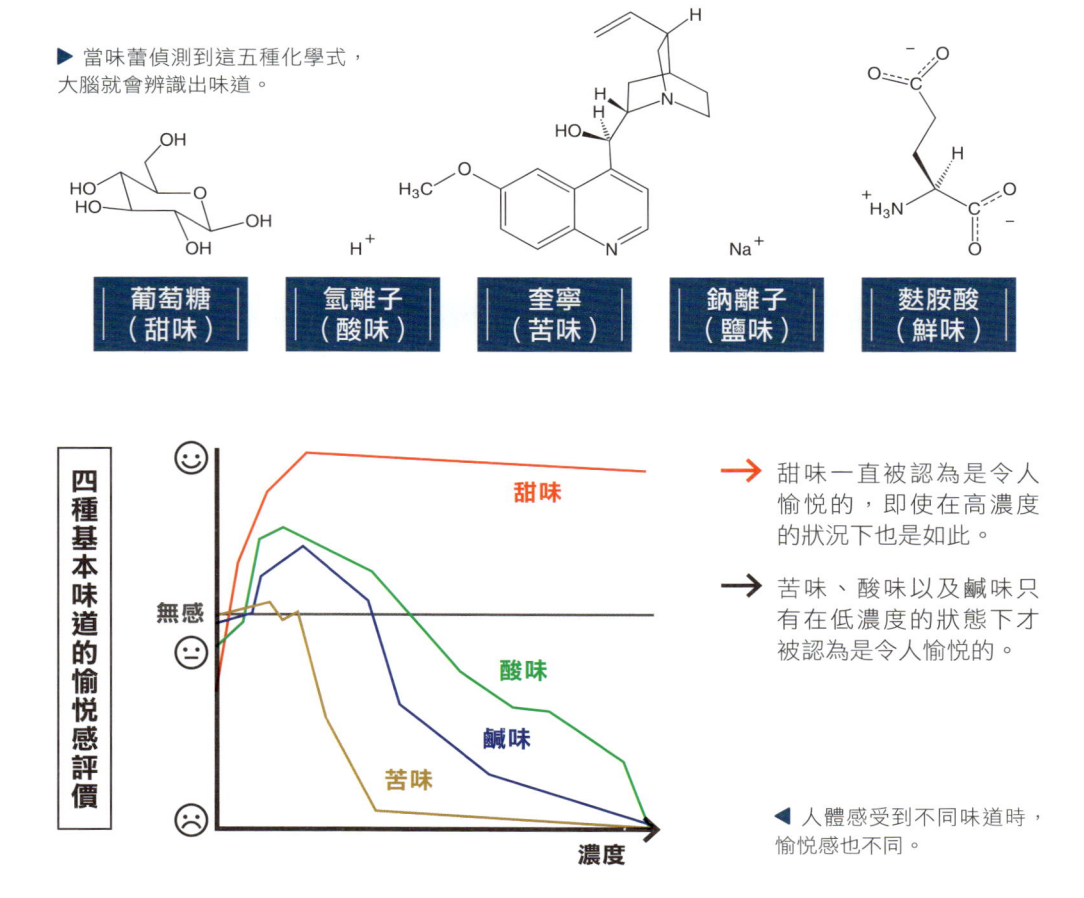

▶ 當味蕾偵測到這五種化學式，大腦就會辨識出味道。

| 葡萄糖（甜味） | 氫離子（酸味） | 奎寧（苦味） | 鈉離子（鹹味） | 麩胺酸（鮮味） |

四種基本味道的愉悅感評價

→ 甜味一直被認為是令人愉悅的，即使在高濃度的狀況下也是如此。

→ 苦味、酸味以及鹹味只有在低濃度的狀態下才被認為是令人愉悅的。

◀ 人體感受到不同味道時，愉悅感也不同。

甜 Sweet 味

甜味是能量的來源，也是「糖分」在我們嘴裡產生的味道，所以當我們碰到甜的東西時，第一個引發的情感就是愉快、開心，我們的身體會快樂地告訴我們：「耶！能量來了！」

從圖表中可以得知，比起鹹味、苦味、酸味，我們對甜味的接受度顯然更高。而且我們一攝取到甜味，情緒立刻直線上升，帶來愉悅的情感，達到一定的閾值後，即使再吃到濃度更高的甜味也分不太出來，因為已經是「死甜」了。

雖然甜味會讓我們「快樂」，但在現代越來越講究健康、養生的飲食趨勢下，有些人似乎變得很怕甜。即使甜食就是要甜才美味，卻在攝取甜食時產生了心理壓力，大腦一邊渴望甜味，一邊展開和意志力的戰爭。

酸 Sour 味

你喜歡酸的食物嗎？一點點的酸味會讓我們感到開胃、愉悅，不過，如果眼前出現一個未知物質，你咬了一口發現它很酸，通常會直覺擔心它變質、腐壞了，或者還沒有達到可食用階段，例如沒熟的水果。所以，以人類本能而言，酸味給我們的是警示。這也是為什麼少許酸可以提味、開胃，但是當酸味達到某個閾值、濃度後，愉悅度反而會急速下降，因為我們認為這個食物不安全、危險。

適當的酸味有助於讓食物更美味，例如臭豆腐、泡菜、藍紋起司等，就是透過發酵增添酸度的食物。來到精緻飲食的時代後，我們又更加擅長運用酸度來增添風味、開啟味蕾，讓餐點更可口，例如開餐前的香檳，能適度提升飢餓感；魚肉料理搭配金桔醬汁，具有畫龍點睛的效果；沙瓦，就是用烈酒加上一點檸檬汁或酸味利口酒調出來的美味調酒。具有酸味的水，也能應用在餐前開胃、增添料理風味以及飲料調製上，為我們的餐飲體驗加分。

CHAPTER 4 水之饕餮 —— 讓餐飲體驗加倍提升的飲水風味學

苦 Bitter 味

　　在人類的本能上，苦味提供的警示意味比酸味來得更高，因為本身就不是令人愉悅的味道，會自然讓人產生排斥感。我們的大腦在感知到苦味後，會出現自我保護機制，認為這個東西有毒、不能食用，本能反應通常是立刻吐掉。但是，我們也常常聽到「良藥苦口」，對吧？因為有些草本植物本身帶苦。所以，濃度低的苦味，在感官上還是可以接受的。

　　苦味其實也是很好的味道平衡劑，可以中和其他味道，進一步提升味道的層次表現。例如，當你現在正在調一個醬汁，但是過程不太順利，一下子太甜、一下子太酸、一下子太鹹，這時試著加一點點苦精（Bitters）進去吧！苦精是一種由水、酒精、多種植物濃縮而成的藥草酒，常應用於威士忌調酒或料理調味中，可以增加味道的層次，並且平衡其他過於鮮明的味道；再以鹹蛋苦瓜這道菜為例，鹹蛋的鹹味被苦瓜的苦味中和，所以我們才覺得這道菜美味。雖然許多人對苦味敬而遠之，但是在堆疊味道時，苦味是非常重要的角色。

鹹 Salt 味

　　接著我們來認識鹹味。**鹹味其實來自我們身體需要的礦物質，也就是「鈉離子」，我們體內水分的平衡、血液的平衡、身體器官的運作等，都需要鈉的協助。**我們必須在飲食中攝取鈉，所以當我們攝取到鹹味時，身體很自然會覺得舒服，我們也自然會渴望這個味道。

　　鹹味還有個特殊性，是它可以**帶出食物的風味**。例如吃牛排的時候，撒上些許鹽，可帶出肉質中的鮮甜味，這是提升風味的表現；而如果我們在甜甜的巧克力中加入些許海鹽，成為海鹽巧克力，則可以創造出美味又衝擊的風味。

鮮 Umami 味

最後來看「鮮味」。水中沒有鮮味，但在日常飲食中，我們其實很容易嚐到鮮味，例如吃牛排會釋放出鮮味；喝雞湯時，裡頭也有鮮味，番茄、香菇也都有鮮味。所以雖然「水」中沒有鮮味，但是「餐」中有鮮味，而我們必須了解鮮味是什麼，才能做出好的餐水搭配。

你有沒有發現，當我們嚐到鹹味、甜味，我們會毫不猶豫做出反應──好甜！好鹹！但是，如果要形容口中的鮮味，我們就變得支支吾吾。但雖然我們對鮮味的感知不那麼直覺、也比較難以描述，它卻是美味的關鍵。

事實上，只要包含以下三種化合物：麩胺酸（Glutamic Acid）、肌苷酸（Inosinic Acid）和鳥苷酸（Guanylic Acid）的食物，都能釋放出鮮味。這些食物入口後，味蕾就能夠立刻接收到鮮味，讓我們覺得特別美味、可口，甚至渴望吃得更多。英文也常用 savory 一詞來形容嚐到鮮味的感受，那是一種會刺激我們唾液分泌的味道，有的則以 meaty 來表示，那是一種豐厚多汁、充滿肉感的味道，讓人忍不住食指大動。

BOX | 味蕾會隨著年紀越大而不敏銳嗎？

許多人小時候不喜歡吃長年菜，覺得很苦，但是隨著年紀增長，某天再嚐到時忽然覺得，咦，好像還 ok 耶！感覺沒那麼苦了！為什麼呢？部分原因其實是味蕾細胞數量隨著年齡增長而遞減，舌頭上的味蕾細胞敏銳度也降低了。

這餐，來點驚喜感吧！
從「味道組合」創造餐飲體驗

在做餐和飲的搭配、餐和水的搭配、甚至飲品與飲品間的搭配時，第一個會先來思考<mark>味道的運用</mark>，再進階到<mark>風味的堆疊</mark>。不過，因為風味還包含了觸覺與嗅覺等，都要納入考量，涵蓋的元素越多，搭配的難度也就越高，所以剛開始了解搭配的原則時，我們會從「味道」的變化開始思考。

<mark>味道的搭配，可以是單一味道延伸，也可以是多重味道堆疊</mark>。例如檸檬氣泡水，就是以檸檬的酸味搭配氣泡水的碳酸，酸味搭上酸味，藉此保留原本的酸度；而檸檬紅茶，則是以檸檬的酸味中和茶的苦澀味。

透過味道的組合，能夠帶給我們幾種不同的體驗：

〔 提升 Enhancement 〕

味道組合後，達到「<mark>增強味道</mark>」的作用。
例如：牛排沾鹽
鹹鮮十足的牛排，若搭配相同風味的鹹味元素，不僅能提升整體的鹹味，也能襯托出肉品本身的鮮甜，這正是常說的「提味」。

和諧 Harmony

味道的融合表現是「平衡互補」的。
例如：糖醋魚、糖醋里肌
酸味遇上甜味的組合，既吃得到酸，也吃得到甜，酸與甜的組合，可以營造「和諧」的體驗，吃起來讓人舒服愉悅（和諧平衡不是平淡無奇喔！）。

衝擊 Impact

味道組合後「令人驚豔」、「產生意外感」。
例如：柳丁沾鹽
酸味加上鹹味，酸酸鹹鹹產生的「衝擊」感，反而會讓柳丁的甜味變得明顯，整體的感覺明明不搭，卻覺得好好吃。

中和 Neutralization / Softening

其中一個味道會「消滅」或「壓制」另一個味道。
例如：牛排配紅酒
我們常用牛排搭紅酒，因為紅酒的單寧可以中和肉味的豐腴感，像是去油解膩的感覺。利用單寧苦澀減弱、壓制，達到「中和」的效果。

更多常見的
味道堆疊與體驗

甜點搭配波特酒

吃甜點時搭配甜點酒（Dessert Wine）享用，
例如產於葡萄牙的波特酒（Port Wine），
這是一種年份越高、甜度越高的酒，
甜上加甜，可以「提升」甜味、豐富甜味的層次。

海鹽巧克力

巧克力是甜的，撒上海鹽後，
甜與鹹的碰撞，會帶給我們「衝擊」感，
兩種鮮明的風味同時呈現，
卻意外地驚艷。

帕瑪火腿配哈密瓜

帕瑪火腿帶有自然發酵的鹹味與熟成香氣，
而哈密瓜清甜多汁帶有清新的果香。
兩者搭配時，同樣是鹹味與甜味的堆疊，
卻是互補柔和的表現，呈現出「和諧」的美味。

拿鐵咖啡

有些人覺得黑咖啡太苦，不敢喝，
但是卻很喜歡拿鐵咖啡，
因為牛奶的鮮味「中和」了黑咖啡的苦味，
讓整杯飲品更溫潤順口。

從上述的例子，我們會發現味道的組合有很多可能性，例如平衡的體驗，有如老夫老妻的歲月靜好、和諧美滿；衝擊的體驗，則像是愛侶間的鬥嘴、火花四射又充滿化學變化。

不過，在品嘗同一道料理時，也可能出現喜好不一的情況，有可能這道菜我喜歡，卻不合你胃口。所以不只味道的堆疊有很多可能性、對於料理的體驗也不只有一種方向，才會如此有趣、值得深入探討。

未來在享用食物或者動手料理時，或許可以多一些思考，現在的料理中有什麼味道、當它們組合在一起時，又給了你什麼樣的體驗？

BOX ｜ 談美食時說的「味道很有層次感」是什麼？

味道的層次是指什麼呢？其實它是指「味道釋放的時間差」。舉例來說，法棍麵包本身帶有天然的發酵香氣，透過咀嚼，麥香逐漸在口中釋放，越嚼越香，甚至還能感受到一絲甘甜。這就是味道在咀嚼過程中緩慢釋放的例子。

另一個例子是味道的「包覆」效果，例如整人糖：剛入口時極酸，但隨著時間推移，最終會嚐到甜味。這類風味轉變，就是味道被包覆後再逐步展現的過程。

在精緻餐飲（Fine Dining）或米其林餐點中，更是淋漓盡致地展現了料理的豐富層次，端看廚師怎麼去玩這些味道，把這些味道包裹起來，用各種你意想不到的方式去鋪排、展演，當食物在你口腔咀嚼、化開、味道釋放，你不僅嚐到了多重的味道，體驗味道的轉換，後韻還口齒留香。當經過味道堆疊的美味料理，來到你的口中時，由於不同味道釋放的時間差，構成了所謂「味道的層次」。

搭對水，一切都變美味了！
餐水搭配的基礎原則

接著，我們要來探討餐水搭配的應用。每一道餐點，對於品水師而言都是「主角」，不管是湯、前菜、沙拉還是甜點。但是，如果桌上同時有美味的餐點與美酒呢？這時候會形成雙主角的狀態，餐點與酒都是主角，而水是最佳綠葉。

而<mark>專業的品水師，在此時考量的層次就複雜許多，要能夠利用水展現餐點特色，也必須襯托出酒的特點</mark>。

品水師必須擔任廚師與顧客中間的橋樑，透過水的運用，既可以讓顧客領會到廚師想呈現的理念與餐點精髓，也滿足顧客的胃口和偏好。顧客只要簡單描述自己的口味偏好，用餐目的或期待，飲品專家就能運用專業，以水作為餐飲的橋樑，提供許多搭配（Pairing）建議，讓你能好好享受完美的一餐。

餐水搭配的複雜度很高，需要思考的層面廣泛，但在這之中，還是存在共通的原則，可以讓我們更加快速掌握餐水搭配的應用概念，這也是品水師在搭配餐點的時候所做的考量。

簡單來說，<mark>餐水搭配最基本的考量原則有三點：首先是確認「主角」的特色，接著找尋可以和主角「匹配」的水（以水的 TDS 來衡量），最後再挑選能夠展現、凸顯主角特性的水（以水中礦物質組成、含量來衡量）</mark>。接下來，我們會針對這三個步驟進一步說明。

1
確認「主角」是誰？

在餐水搭配中，水是最佳配角，是盡責的綠葉，餐或酒才是主角。所以在堆疊味道時，我們考量的是怎麼運用水中的味道與口感去支持我們的主角，並呈現最佳風味，而不是搶戲。

因此，我們要先了解主角想要展現什麼，也就是主角的「特色」是什麼，包含了「廚師想透過這道菜表現什麼」以及「客人想透過餐點得到什麼體驗？」，我們才知道如何選擇適合的水？並且運用水中的味道與口感去支撐它。

對於不同主角，分別適合用什麼樣的水去搭配，最基本的方法，是以水的「TDS」與「礦物質成分」作為客觀條件依據；接著還會考量希望營造的體驗，是想要整體「和諧」，創造強烈印象的「衝擊」，或是「中和」掉某種味道。

2
選擇與主角「匹配」的水

了解主角是誰後，就可以開始挑選適合的搭餐水。怎麼挑選呢？首要條件是——水必須能支撐主角的味道。換句話說，水必須與主角「匹配」，能夠支撐主角的份量感、表現主角特色，並且不分離、不搶戲。

例如，搭配一道以黑胡椒醬汁為主的重口味料理時，水需要具備支撐力，才能把濃郁的味道支撐起來。這時候如果搭配一支輕盈細緻、超低礦物質的水，當你吃了一口料理，再喝一口水，入口後會發現有股強烈的抽離感，因為水和餐兩者的份量感過於懸殊，過於輕盈的水無法支撐很重的味道，兩者之間「不匹配」，就會出現水是水，餐是餐的獨立、分離情況。

判斷是否匹配，最基礎的方法，就是以水的「TDS」來衡量。水中溶解的礦物質量越高，代表水的份量感越重，反之則越輕。應用在餐水搭配時，味道越豐厚的料理，可以搭配的水 TDS 範圍越廣；而味道清爽的料理，能搭配的水 TDS 較低，搭配範圍也窄一些，因為如果搭配過高 TDS 的水，一不小心就會搶戲了。

舉例來說，假設有「涮牛肉片」、「烤牛肉」、「炭烤牛排」三種不同類型的牛肉料理，它們的味道豐厚度不同，所以我們不會選擇同一支水，可能會採取以下搭配方式，來達到「匹配」的需求：

料理名稱	炭烤牛排	烤牛肉	涮牛肉片
味道濃郁度	最高	中等	最低
搭餐水的 TDS 值	中至高	低至中	超低至低

▲ 當料理的味道濃郁度越高，適合的搭餐水 TDS 範圍也越廣。

3
以水中的「礦物質」凸顯主角特色

　　延續上述情境，如果我們選出了幾支和「炭烤牛排」味道相匹配的水，進而我們需要去探討其中礦物質的成分組合，為了帶出牛排的甜味，可以再進一步選擇含有礦物質「鈉」的水，為什麼呢？因為水中的鈉具有鹹味，然而水中的鹹味可以提升牛排的風味，亦可帶出肉的甜味。

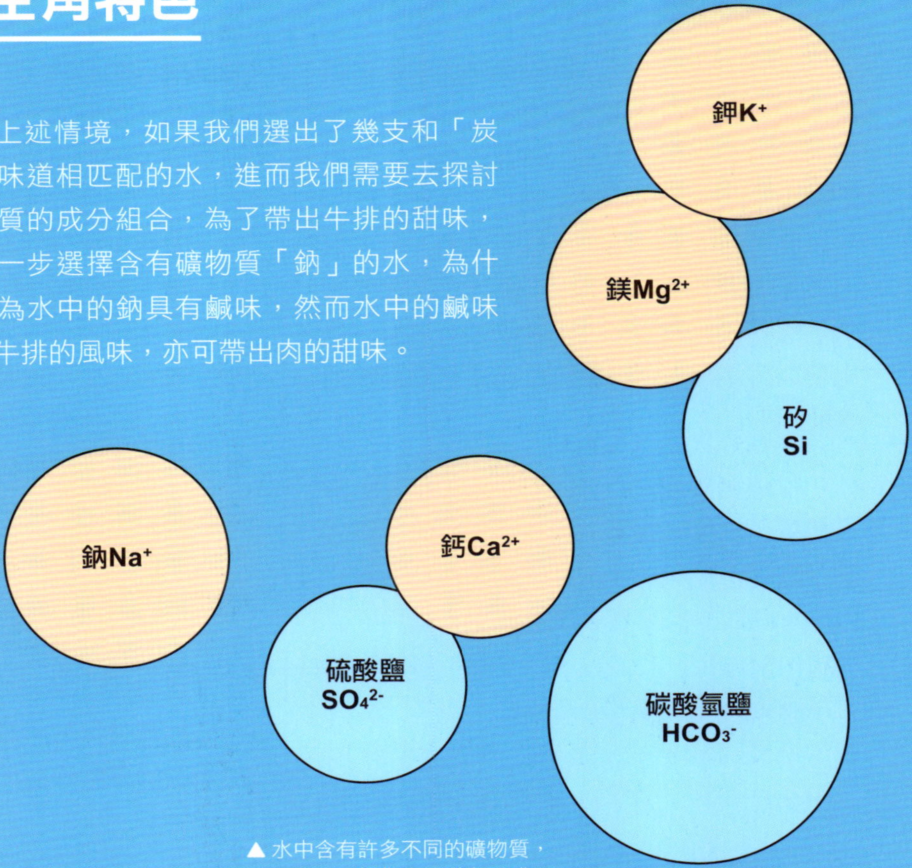

鉀 K$^+$

鎂 Mg^{2+}

矽 Si

鈉 Na$^+$

鈣 Ca^{2+}

硫酸鹽 SO$_4^{2-}$

碳酸氫鹽 HCO$_3^-$

▲ 水中含有許多不同的礦物質，可提供水味道與口感。

以「西餐」搭水
—— 不只味道，料理輕重也是關鍵！

「Pairing（搭配）」是一項複雜而有趣的學問，透過味道、口感與香氣的綜合考量下，尋找匹配風味的餐與飲才能做出完美的pairing。雖然目前我們僅提及味道的堆疊，但是香氣與口感也是影響風味的條件，而餐水搭配中也要考量整體的用餐體驗。

當我們在用餐時，餐點的味道一般是由輕到重，最後則是變換味道，也就是從主菜進入甜點，由鹹換到甜，味道是依序、慢慢堆疊出來的。如果一開始就吃了味道太重的菜，我們的味蕾會變得比較不敏銳，嚐不太出下一道菜的風味。因此，品水師不僅要懂得依照各道餐點搭配，也會需要考慮其前後出餐的順序，甚至佐餐的飲品來做全面性的調配。

在這個篇章中，我們會以西餐餐點的「前菜、主菜、甜點」，以及飲品的「茶、酒、咖啡」來講述餐水搭配。如此區分的原因是，以西餐的用餐順序為例，先享用開胃小點、吃前菜、吃沙拉、喝湯品，接著享用主菜系列，最後進入品嚐甜點，雖然一個完整的套餐可能多達十道菜，但還是離不開「前菜、主菜、甜點」的原則；飲品的部分，我們提供了「酒、茶、咖啡」，這些也是最容易接觸到的飲品類別。

結論來說，餐水搭配的基本原則，就是先確定主角以及想呈現的特色，選擇和主角味道結構匹配的水（TDS），進而選擇礦物質的組合成分來進一步突顯主角特色。餐水搭配沒有一定公式，光是配一道沙拉，就有可能因為喜歡的味道不一樣、用的醬汁不一樣，而有很多運用方式。水除了有味道，還有口感，滑順的口感、包覆的口感、豐厚的口感、圓潤的口感。水中的礦物質有些影響味道，有些則是改變口感，甚至還要看你今天吃的餐點包含哪些菜，品水師怎麼去配合你的喜好，再加上主廚想要傳遞的訊息等，綜合以上，再去提供最好的建議，這正是品水師的專業所在。

〔前菜〕
Starter

◆ 開胃小點
◆ 沙拉

搭配重點 ➞ 不搶戲、不蓋過食物的味道表現
搭水建議 ➞ TDS 500 mg/L 以下、超低或低礦物質的水

味道通常較為輕盈的前菜，包含開胃小點、沙拉等，<mark>搭水的首要原則是不能過於強烈，一不小心蓋過食物本身的味道</mark>。一般在這個前提下，搭配的水 TDS 就不能太高，建議挑選 TDS 落在 500 mg/L 以下、超低或低礦物質的水。

同時，也要留意水中單一礦物質不能太鮮明。假設挑選了一支低礦物質水，但是其中鈣或鎂含量特別高，就會出現明顯的味道，搶走前菜的風采。

此外，最重要的還是<mark>前菜本身的特性，以及希望呈現的體驗</mark>。例如以百香果風味為主的沙拉，它的特點是有鮮明的酸味，此時我們可以選擇「超低或低礦物質氣泡水」，像是帶有酸味的氣泡水，很接近餐前酒或香檳的角色，可以使得「酸上加酸」，達到胃口大開的效果。但反過來說，如果你覺得百香果的酸太強烈，也可以改搭配中、高礦物質水來中和酸味。

甚至我們也遇過廚師說，我想要這道菜有強烈的衝擊感，讓客人感覺到酸酸鹹鹹、像情人果的味道！此時不妨大膽跳脫前菜搭配的原則，刻意選擇一支礦物質鈉含量較高的水，也是一個特別的體驗，像這樣充滿挑戰性的搭配方式，非常考驗品水師的功力。

CHAPTER 4 　水之饗饗 ── 讓餐飲體驗加倍提升的飲水風味學

主菜
main course

搭配重點 ➡ 支撐主菜的份量感、並突顯特色
搭水建議 ➡ TDS 300~1500 mg/L，低礦物質到高礦物質水

主菜是用餐中的重點、通常是比較偏重口味的食物，因此很多人會以為挑選 TDS 重的水就對了。這其實只對了一半，我們的確比較不建議選擇 TDS 低於 300 mg/L 的水，因為它無法支撐主菜味道的份量感，但絕對不是越重越好，==搭配主菜的水 TDS 從 300～1500 mg/L 都有可能，甚至更高TDS也許也合適，也就是從低礦物質到高礦物質水==，範圍非常廣泛。

為什麼水的選擇範圍這麼大呢？主要是因為主菜隨著主食材、烹調方式、醬汁濃郁度的不同，都會影響其味道表現，例如是醬汁濃郁的魚肉？肉汁豐厚的牛排？或者香氣濃郁的碳烤豬肋排？

我們要依據主菜整體味道的濃郁度，來選擇匹配的水以支撐其味道。==主菜味道的層次越豐富、濃郁度越高，適合搭配的水 TDS 也就越高==。舉例來說，鮮味重的牛排，選擇的搭餐水 TDS，就需要比搭配魚肉料理的水稍微高一點。

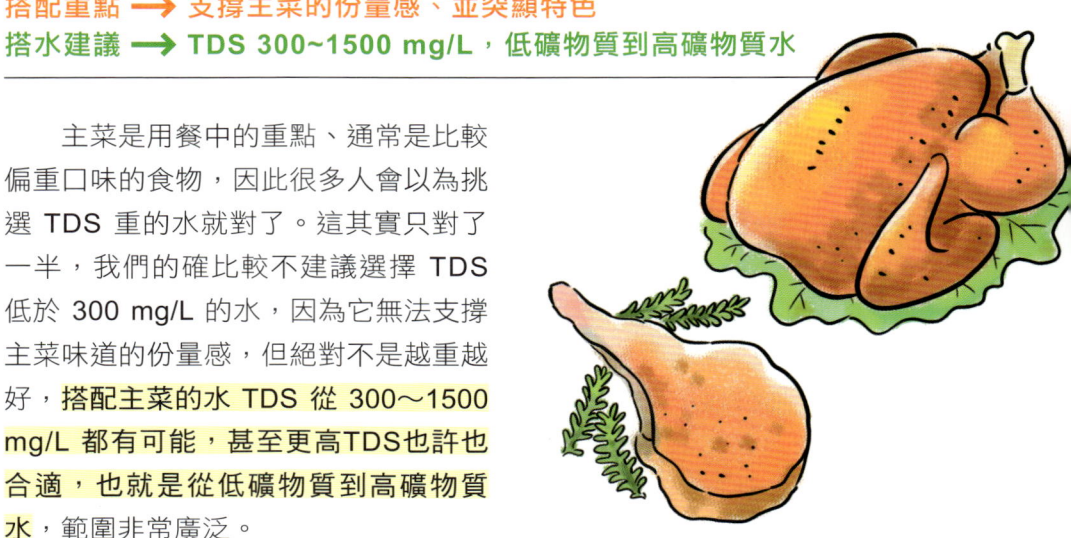

但除此之外，也要考慮感受的需求，例如吃牛排時，我們是要提升它的鮮味呢？還是加一點衝擊感？或是用苦味去平衡？甚至，你可以思考，你想消滅的是醬汁的味道？還是中和食材的味道、留下醬汁的味道？這時候我們就要問問負責料理的人，想透過這道菜提供客人什麼樣的感受。

甜 點
dessert

搭配重點 → 為用餐收尾，通常以清爽為主
搭水建議 → TDS 1000 mg/L 以下，中、低礦物質的水

在用餐的尾聲，通常希望以清爽的感覺劃下句點，所以，我們在搭配甜點時，多半會選擇**中、低礦物質，TDS 落在 1000 mg/L 以下的水**。在這個基準下，再以甜點的濃度，以及想要表現什麼，來決定搭配的水。

舉例來說，清爽的紅茶戚風蛋糕，適合 TDS 在 200 mg/L 以下的水；濃郁的巧克力布朗尼，則搭配 TDS 落在 300～500 mg/L 的水。此外，如果想讓甜點嚐起來有衝擊感，可以選擇 TDS 700～800 mg/L、比較有份量感的水；想提供清爽的感覺，也可以搭配 TDS 50 mg/L 以下的超低礦物質水。**依照甜點的種類、希望提供的感受來挑選。**

餐水搭配需要綜觀性的考量，也因此能夠帶來比想像中更多的變化。以焦糖烤布蕾來說，雖然味道豐厚，但搭配輕盈的超低礦物質水時，因為水會放大主角存在的所有風味，當然甜味也會更加鮮明，炙烤過的焦糖的味道會被放大、釋放出來，所以要注意每個細節再去選擇合適的搭配。

以「飲品」搭水
—— 發揮各自的風味特色

一般提到餐水搭配，大家直覺想到的大多是水與料理間的組合，但除此之外，用餐時往往還有「飲品」的加入，所以飲品也可能成為主角，其各自適合搭配的水也有所不同。

在這邊我們先不談論「水入飲品」，例如沖泡茶、咖啡的選水建議，因為其中涵蓋的因素太多，需考量的水質條件包含了溫度、pH 值、硬度、TDS，還得進一步了解水中的礦物質成分及加熱後的差異，而且，隨著每個人的操作方式不同，在實際應用面的變數也很大。

在這篇中我們要提供的，也是品水師最常見的其中一項工作——為飲品搭水。雖然實務上的變化多樣，卻有基本的原則可以入門，接下來，就一起來看看，以水搭配「酒、茶、咖啡」的方法吧！

當主角是 酒

喝酒時也需要搭配合適的水，一方面可以減緩酒精作用時間，一方面可以維持身體的水分。而在感官體驗上，我們可以用水去清理口腔、使味蕾清新，或者用以提升酒的味道與口感。

比起水，酒的特色是它具有非常豐富的香氣，所以當品水師在進行酒與水的搭配時，不只是考量味道，也需要考量口感與香氣的延伸。聽起來很複雜嗎？實務上確實如此，不過別擔心，下方我們會提供最基礎的酒與水搭配原則，給予大家簡單的選水依據。

接下來對於紅、白酒所提供的搭配建議，是根據水和酒「味道的匹配度」，以**提供「和諧」體驗為主**，通常比較接近大眾的喜好。但如果你更喜歡獨樹一格、衝擊感，也不妨帶著探索的精神多方嘗試，或許能找到情有獨鍾的搭配組合。

〔 白葡萄酒 〕

白葡萄酒釀造時會破皮去梗及榨汁，因此單寧量低，不會帶有明顯的澀感，此外，白葡萄酒的酸度較高，口感較清新爽口，適合搭配同樣帶有酸味的「氣泡水」，酸上加酸，可以帶來開胃的效果。白葡萄酒依據葡萄品種主要可以分為四大類，接下來，我們就依據不同白葡萄酒的特色，來簡述適合的水。

麗絲玲 Riesling
具有天然的高酸度和淡雅的花香與礦石味，有些甚至帶有甜味的特性，很常作為開胃酒或甜點酒，適合以低礦物質水，展現其淡雅的香氣與甜度。
選水建議：TDS 在 200 mg/L 以下的低礦物質水。

白蘇維濃 Sauvignon Blanc
干型高酸度，所以就味道的匹配度來看，我們不會挑選超低礦物質水，以免過度放大它的酸度。
選水建議：TDS 50～200 mg/L 的低礦物質水。

灰皮諾 Pinot Gris
灰皮諾可以釀成許多不同風味的葡萄酒，口感、酸度、香氣由淡雅至濃郁皆有，因此可搭配的水範圍較廣。
選水建議：TDS 自 100～400 mg/L 皆可。

夏多內 Chardonnay
種植於涼爽氣候的夏內多為高酸度，口感輕盈至中等；而生長於溫暖氣候的夏內多，則以濃郁的熱帶水果味道為主。以匹配度而言，由於夏多內的香氣較白蘇維濃更為濃郁，建議搭配 TDS 稍高的低礦物質水。
選水建議：TDS 100～500 mg/L 的低礦物質水。

〔 紅葡萄酒 〕

葡萄皮為紅葡萄酒帶來美麗的色澤，以及具澀感的單寧成分。單寧碰到酸會轉變為苦味，所以一般來說，我們不會搭配氣泡水，以免引出苦澀感。那麼，紅葡萄酒適合搭配什麼樣的水呢？接下來我們依照味道濃郁度、單寧含量，來說明不同的紅葡萄酒特色與其適合搭配的水。

黑皮諾 Pinot Noir
普遍酸度高，且通常會釀製成干型的酒款，口感輕盈至中等、單寧低至中皆有，以味道濃郁度而言，適合搭配的水範圍較廣。
選水建議：TDS 落在 50～400 mg/L 皆可。

梅洛 Merlot：
色澤偏紅，味道比較豐厚，口感從中等到飽滿皆有，通常會以符合匹配的原則來挑選適合的水。
選水建議：TDS 在 200～500 mg/L 的水。

希哈 Syrah、卡本內蘇維濃 Cabernet Sauvignon
這兩種都是口感落在中等至飽滿的酒，酸度、單寧也比較高，因此適合搭配 TDS 略高的水。
選水建議：TDS 落在 300～700 mg/L 為佳。

〔 威士忌 〕

威士忌屬於烈酒，許多人剛開始品飲威士忌時，會先從味道淡雅的威士忌作為起點，但是當你越來越喜歡它、懂得欣賞它的風味後，很自然會開始追求不同風格的威士忌，像是有些人就特別喜愛味道濃郁、帶有泥煤味的威士忌。無論如何，威士忌屬於烈酒，酒精濃度相對較高，所以就匹配原則來說，搭配的水 TDS 最大值也會比較高一些。

選水建議：依據威士忌的味道濃郁度，從味道淡雅到濃厚（例如帶有泥煤味），適合搭配的水 TDS 從 300 至 1500 mg/L 者都有可能。

當主角是 茶

當我們喝一杯好茶時，搭配一杯適合的水，不僅轉換口中的味道，讓味蕾不致疲乏，還能讓你持續品到茶的迷人風味，是不是太棒了？接下來，我們就以台灣茶的發酵程度，以及他們各自擁有什麼特色，來挑選適合搭配的水（不是沖泡喔）！

不發酵茶
也稱為未發酵茶，其代表為台灣綠茶，具有明顯的青草、綠豆香氣，嚐起來口感甘醇、味道鮮爽。通常希望可以喝到它的清香，因此適合搭配超低礦物質、低 TDS 的水飲用。
選水建議：TDS 在 50 mg/L 以下的低礦物質水。

部分發酵茶
也稱為半發酵茶。其中清香型的文山包種和高山烏龍，因為重視其輕揚、清雅的香氣，所以會搭配超低礦物質、低 TDS 的水。至於凍頂烏龍和鐵觀音屬於「中發酵茶」，主要希望能品其焙火香氣，以匹配度來說，TDS 會再略高一點。
選水建議：TDS 低於 100 mg/L 的超低礦物質水（文山包種、高山烏龍）TDS 在 100 mg/L 的水（凍頂烏龍、鐵觀音）。

全發酵茶
也就是紅茶，包含「大葉種、小葉種紅茶」，紅茶較其他茶類的苦澀感重、味道也比較沉、比較濃郁，所以搭配的水 TDS 相對較高。
選水建議：TDS 落在 400 ~500 mg/L 者為原則。

當主角是 咖啡

　　咖啡豆是將生豆經過烘焙，才得以展現它的風味。依烘焙程度，可以分為淺烘焙、中烘焙、深烘焙（重烘焙），淺烘焙的豆子因為烘焙時間較短，風味上會保留較多生豆的特性，隨著烘焙時間拉長，豆子的風味則更濃郁飽滿。

　　當我們要以水來搭配咖啡時，首先依然要考量「匹配」原則。所以搭配淺烘焙咖啡時，建議使用超低或低礦物質；當烘焙的程度提高，來到中烘焙、深烘焙，搭配的水 TDS 也要逐步提高，但仍要避免蓋過咖啡本身的風味。

　　除此之外，我們也會進一步看水中的礦物質成分，無論是哪一種咖啡，它們一定都有「苦味、澀感」存在，如果想達到「中和澀感、平衡苦味」目的，就很適合運用帶一點碳酸氫鹽的水，或是選擇含有能營造滑順口感的矽、提供包覆性口感的硫酸鹽的水。此外，避免選擇含有味道較重的礦物質的水，像是高含量鈣、鎂，以免引出更多咖啡的苦味及澀味。

選水建議：超低或低礦物質水（淺烘焙咖啡）
TDS 在 500 mg/L 以下（中～深烘焙咖啡）。

Column | 品水師才知道！「加水更好吃」的料理升級法

看完餐水搭配的應用，接下來我們想推薦大家幾個在家裡就能夠實際體驗的「水入菜」食譜，透過將「氣泡水」或「礦泉水」加入湯品、醬汁、飲料、甜點等，利用其本身的礦物質特性，能夠使食物變得更加美味可口。

① 氣泡水 in 濃湯

在玉米濃湯、蘑菇濃湯、南瓜濃湯等上桌前我們可以施一點氣泡水的魔法，大約一至兩個瓶蓋的量，直接加入，不需要再加熱，這樣一來不僅可以讓燙口的湯稍微降溫，還可以為濃湯帶來輕盈、蓬鬆口感，變得更好喝喔！

② 氣泡水 in 沙拉

吃沙拉時，我們常常會調製油醋醬來搭配，這時候可以將少許的油，用氣泡水來取代，依照原本的步驟調製好後，淋在沙拉上，你會發現沙拉吃起來更加爽口美味。

3 氣泡水 in 鬆餅

口感上需要一點蓬鬆感的食品,都很適合加入一點氣泡水,例如鬆餅。很多人做鬆餅會加入化學膨鬆劑,但其實氣泡水就是很好的替代品,將部分牛奶以氣泡水取代即可,因為氣泡水中的碳酸會讓麵糊膨脹,可以營造蓬鬆口感。

4 氣泡水 in 牛排

當氣泡水進入我們的口腔時,會有種口腔正在被輕輕按摩、刺激的感覺吧?如果我們用氣泡水來醃肉,肉的蛋白質也會像被按摩一般,肉質變得比較柔軟。

PLUS 如果進一步使用「含鈉」氣泡水來醃肉,由於滲透壓原理,含鈉氣泡水中的水分會滲透到肉裡,而氣泡水中的鈉也會擴散到肉裡,這時肉中的蛋白質會膨脹且變得更柔軟,同時鈉也能提出肉的鮮味。

5 氣泡水 in 優格

氣泡水的氣體可增加蓬鬆度,在吃像是希臘優格這類比較濃稠、帶有奶油般口感的甜點時,可以加入一瓶蓋的氣泡水,讓口感更輕盈。

6 礦泉水 in 冰淇淋

運用含有「矽」的低礦物質水,使用大約一個瓶蓋的量,直接加入冰淇淋中,利用其礦物質特性,就能使口感濃郁的甜點嚐起來更滑順美味!

⑦ 礦泉水 in 青菜

使用含有「鈣」的礦泉水，可以在炒或煮青菜時，維持青菜的色澤和脆度，吃起來更美味爽口；而如果你使用含有礦物質「鈉」的礦泉水來水煮青菜，由於鈉是天然的鹹味劑，就可以不必再加入鹽巴，也能中和青菜的苦味！

⑧ 氣泡水 in 果汁

使用低礦物質氣泡水，可以提出水果的甜味，喝起來更加清爽美味。將任何你喜歡的天然果汁，以果汁：氣泡水＝1：1 來調製，我們特別喜歡使用蘋果、柳橙和番茄汁。如果你偏好一點衝擊感，推薦用鈉含量高一些的氣泡水，會發現果汁的甜、酸和氣泡水中的鹹，非常巧妙地融合在一起。像是番茄汁，氣泡水中的酸味會中和一些番茄的鮮味，同時也會讓番茄的酸味稍微提升，讓味蕾為之一振！

其實我們平常吃麻辣鍋，也會自己在烏梅汁中加一些高鈉含量的氣泡水，比例同樣是 1 比 1，如果不想稀釋太多烏梅風味，也可以用 1 比 2 調製，你會發現烏梅汁和高鈉氣泡水的組合非常美妙，酸酸鹹鹹帶來的衝擊感，完全就是令人印象深刻的美味！不過酸度高的果汁，比較適合搭配氣泡強度較低的氣泡水，否則本身帶酸味又強勁的氣泡，很可能會觸碰我們對酸味愉悅感的臨界點，反而破壞掉美好的味道堆疊。

CHAPTER 5

水之魅力

從國際水品牌故事，
看見水的更多風貌

The
Water
Sommelier

每支水的起源，
都是值得記錄的故事

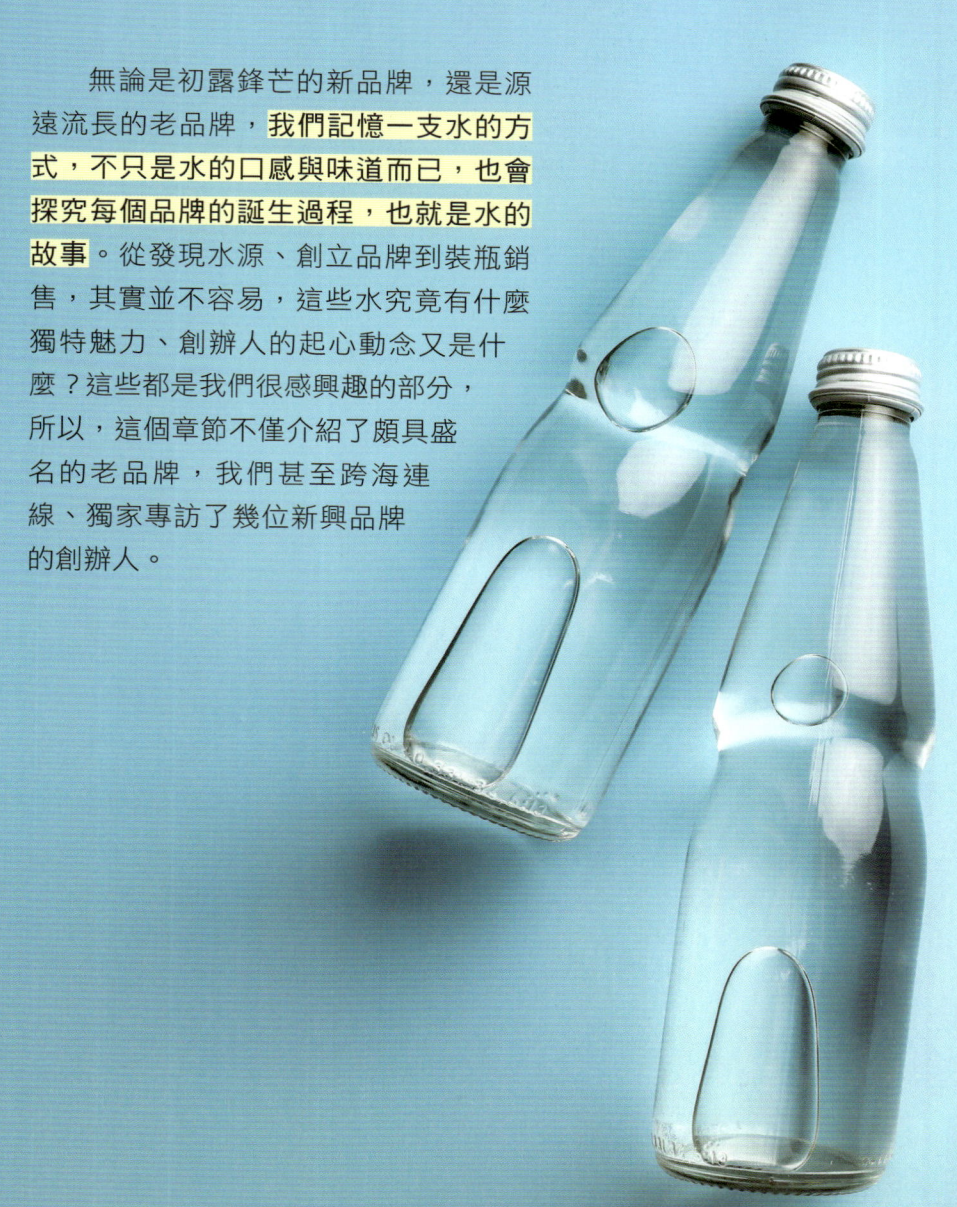

　　無論是初露鋒芒的新品牌，還是源遠流長的老品牌，我們記憶一支水的方式，不只是水的口感與味道而已，也會探究每個品牌的誕生過程，也就是水的故事。從發現水源、創立品牌到裝瓶銷售，其實並不容易，這些水究竟有什麼獨特魅力、創辦人的起心動念又是什麼？這些都是我們很感興趣的部分，所以，這個章節不僅介紹了頗具盛名的老品牌，我們甚至跨海連線、獨家專訪了幾位新興品牌的創辦人。

而我們要談的第一個故事，也是讓我們探索所有故事的起點，是來自法國的天然氣泡礦泉水「Chateldon（夏特丹）」，最初我們只是單純好奇，是什麼樣的礦泉水，不僅一瓶要價台幣五百元，而且還是限量發售？結果意外得知幕後的美麗故事。這也促使我們思考，其他品牌會不會也存在許多有趣的故事，有更多值得我們去發現、記錄下來的部分？

過程中我們也發現，這些擁有百年以上的水品牌，似乎有個共通點，那就是品牌創辦人大多是醫師。為什麼呢？原來這些早已是當地人口耳相傳、推崇有加的泉水，浸泡後往往能改善身體的不適，在當時甚至被視為是神蹟的展現。這個現象，自然也吸引了醫師的好奇，研究後發現，確實具有能改善皮膚、關節、呼吸道症狀的療效，只是當時的醫療技術無法具體解釋原因。後來，這些泉水漸漸成為醫師們口頭建議的療方，也讓他們開始思考，除了浸泡之外，可不可以讓人飲用？於是，不但有人建立了水療溫泉旅館，也有人開始將泉水裝瓶販售，從外用到內服，許多礦泉水品牌因此而誕生。

不過，在探索這些故事的過程中，我們同時很惋惜的是，這些老品牌的創辦人都已經逝世了，所以我們無法完全得知故事的真相，也難以得到更多訊息。所以，對於正在嶄露頭角的新品牌，我們希望在還能取得第一手資料時把握機會，聽聽他們與水一路走來的緣分。

這些新品牌的創辦人，往往是帶著明確目的去探尋水源的，例如我們即將介紹的「紐西蘭Antipodes礦泉水」和「挪威Svalbardi北極冰山水」，以及來自我們寶島台灣的「巴部農Babulong天然鹼性礦泉水」，這些創辦人的初衷是什麼？他們又是如何找到水源、一步步建立品牌，在包裝銷售上又有什麼別出心裁之處呢？很期待和你分享第一手消息，也希望無論是後起之秀，還是世代相傳的老品牌，這些有趣的故事能夠被傳承下去。

到米其林餐廳點一支國王御用水！
法國夏特丹Chateldon天然氣泡水

與夏特丹 Chateldon 天然氣泡水的緣分，要回溯至我們在法國米其林三星餐廳 Le Cinq 用餐的經驗，當時，我們表示要點夏特丹這支水，服務生立刻回應：「Wow～You want "King's Water"！（哇～你想喝的是國王的水）！」這位國王是誰呢？是法國的路易十四（Louis XIV），他不但是在位期間最長，也將法國國力推展至巔峰，更被譽為「太陽王」。由此可知，夏特丹這支水在法國當地，已和「國王御用水」劃上了等號。

▲ 夏特丹屬於高礦物質水，搭配和醬汁濃郁的法式料理可以達到非常好的平衡。

夏特丹為何會成為傳說中的國王御用水呢？據說在 1650 年，「太陽王」路易十四因為健康因素，聽從御醫 Fagon 的建議而飲用夏特丹，路易十四會命令軍隊定期到 400 公里外的水源地取水，再送至他位於凡爾賽宮的餐桌上。除此之外，夏特丹還有個美麗的故事，源自於後世留下的一幅畫作，畫作內容描述了他和妻子西班牙公主瑪麗·泰蕾莎（Maria Theresa），於 1659 年在巴黎凡爾賽宮歡快的宴客情景，據說烘托這場盛宴的飲品之一，就是夏特丹。

我們很著迷於這些有趣的故事，為了得知更多關於夏特丹的資訊，也做了不少功課，不過後來發現，路易十四和夏特丹的緣分，或許只是個美談。有文獻紀載，夏特丹水源的發現者，其實是一位名叫 Jean-Baptiste Desbrest 的醫學博士，當時路易十四早已逝世，Desbrest 則是在 1778 年被當時的國王授予管理該水源地的資格，而且在 1780 年出版了一本書，名為《夏特丹的療效》，其中記載他本人患有消化系統和心臟疾病，在飲用

▲ 據說夏特丹曾出現在路易十四的凡爾賽宮宴席中（上圖為 William Quiller Orchardson (1832–1910)畫作『The Young Duke』）。

這支水後，不僅改善了他的症狀，也使他恢復了食欲，他還對夏特丹下了個評論，認為這支水「雖然不是萬能藥水，但是喝了它也不會有什麼壞處」。

那麼，究竟夏特丹的風味如何呢？Desbrest 說：「嚐起來微酸、帶點辛辣」。Desbrest 提到的辛辣，我們猜測應該是指水裡氣泡給予口腔的刺激感，由於夏特丹來自法國中南部一個火山活動豐富的區域——多姆山（Puy de Dôme），這個環境條件使得夏特丹天然含有豐富的礦物質成分、細緻綿密的氣泡，是世上少見的天然氣泡水之一。

夏特丹在 1993 年被法國最大的礦泉水集團 Neptune 收購，目前年產量約為 300 萬瓶，你可能認為這個數字並不低，其實，300 萬瓶只是許多礦泉水品牌的單日產量。夏特丹在 2000 年被重新包裝設計，成為現今大家看到的模樣，其中以明顯的「太陽」圖像，象徵太陽王；大大的數字「1650」，則是指西元 1650 年，也正是路易十四在位的年份，整個瓶身以優雅的金色，賦予尊貴的皇家印象，完全不負國王御用水的盛名。

CHAPTER 5　水之魅力 —— 從國際水品牌故事，看見水的更多風貌

來自最美寶島，珍稀火山岩千年水
台灣巴部農Babulong天然鹼性礦泉水

「巴部農 Babulong」礦泉水品牌創辦人陳武剛，同時也是全豐盛集團總裁，最初他由化妝品事業起家，後來更跨足保健食品、牧場經營等領域。這位創業超過 50 年的企業家，竟然也留意到了「水」的重要性，究竟是源於什麼契機呢？

原來，以「健康、美」為事業起點的他，在創業過程中漸漸發現，不論是透過嘴巴攝取的食物，還是透過皮膚接觸的物質，水都是一切的根本，人每天要喝下 2000-3000 c.c.的水，相較於每天塗抹的保養品，日常飲水的影響力應該大得多。於是，他漸漸把目光轉向「水」本身。

陳總裁觀察，台灣人大都喜歡喝純水，但是純水是加工處理過的水，裡頭的礦物質成分幾乎都被過濾了，而礦泉水保留了天然溶有的礦物質，這些礦物質對人體健康是有益的，其實，「尋好水已久」的他，甚至拜訪過遠達阿拉斯加的水源地。

▲ 臺灣「巴部農天然鹼性礦泉水」品牌總裁陳武剛。

▲ 來自新竹橫山的巴部農礦泉水，獨厚於當地的火山岩層地形，水齡高達四千五百年，為台灣代表性天然礦泉水品牌之一。

直到某天，他喝到來自土生土長的寶島、新竹橫山鄉的一口水，這水喝起來甘甜順口，讓他為之驚艷，於是他趕緊請員工將水源取樣、送至美國檢驗，發現這水源確實很珍貴，由於台灣活躍的火山活動，不同地質時期噴發的熔岩更豐富了地貌，這座礦泉就位於一條稀有的玄武岩礦脈之下，經過千年的火山岩層濾化，造就了罕見的天然鹼性礦泉水，pH 值達到 9.0，水中也含有人體所需的許多礦物質與微量元素。

陳總裁抱持著將好水分享給大眾的善意，也紀念水源的發現者，於是以該酋長之名，將礦泉水品牌取為「巴部農」。陳總裁甚至買下了整座山頭，以確保巴部農的水源能徹底遠離汙染源。

巴部農礦泉水的特點除了是天然鹼性水之外，其中也含有較高的碳酸氫鹽含量，幾乎佔水中總溶解礦物質的一半，在低礦物質水中較為少見，另外也含有較高含量的礦物質矽，因此這支水入口後，會帶來蓬鬆、包覆、滑順感。

經營瓶裝水事業，想必有利可圖吧？沒想到，陳總裁透露目前「巴部農」尚未轉虧為盈，因為從水的製造、運輸、裝瓶以及長期的品質維護等，每項都是高成本，但是他認為一個好的、珍貴的水源，不僅值得守護，也值得讓國內外都看見，而他願意不惜成本，繼續努力。

◀ 巴部農午時水，靈感源自台灣民間信仰中的「貢水」，為端午節當日午時取出的乾淨水源，據說該時辰的水能量最強，並寓有「保平安，旺好運、能添財」之意。

BOX｜造訪巴部農的體驗

市面上大多數鹼性水，都是透過電解分離設備製成的；然而，來自台灣新竹橫山的「巴部農」，卻是極為少見的「天然」鹼性礦泉水。當我們開始構思這本水的故事時，腦中第一個浮現的念頭就是：「如果能親自拜訪巴部農，那該有多好！」

巴部農的水源地就位於新竹橫山，採水源地直接裝瓶。我們造訪巴部農裝瓶廠那天，廠內的溫濕度計顯示濕度高達80%。按理說，巴部農在這樣潮濕的環境裡，牆壁與天花板難免會有發霉或潮濕的痕跡，但我們一踏進巴部農的廠房，映入眼簾的卻是潔淨到令人驚豔的空間：牆壁、地板甚至窗框邊緣都像新的一樣閃閃發亮。那一刻，我們忍不住驚呼：「這可能是我們看過最乾淨的裝瓶廠了！」

後來才知道，巴部農對於食品安全的重視早已超越業界常規。不僅地板每日清潔，就連天花板也會定期拆卸清洗。這種從上到下、無死角的潔淨管理，展現出品牌對品質的重視。

身為品水師，這些年來我們曾參訪過國內外無數水源地與裝瓶廠，但巴部農的細膩與堅持，無論在管理、潔淨度還是整體氛圍上，都留下極其深刻的印象。

全球第一瓶榮獲「碳中和」認證的礦泉水
紐西蘭安蒂波迪斯Antipodes礦泉水

▲ 紐西蘭安蒂波迪斯Antipodes全系列礦泉水和氣泡水。

　　安蒂波迪斯 Antipodes 礦泉水的創辦人 Simon Woolley，原先在紐西蘭奧克蘭的餐飲業工作近二十年，並成為業內頂尖的餐廳業者，後來他曾前往美國紐約、墨西哥聖米格爾德阿連德（San Miguel de Allende）擔任餐飲顧問。

　　因緣際會下，Simon 選擇回到家鄉紐西蘭，當時的他發現國內餐飲業已然有個趨勢，那就是走向在地化，專業人士偏好和當地農產業者合作，從有機種植的蔬菜到精心釀製的紐西蘭葡萄酒等，某些餐廳甚至非常清楚，哪個類型的好食材就該往當地哪個區域找，不只是餐飲業者，就連顧客們也對於產地的溯源越來越講究，於是形成了一個循環，當地亦以此為榮。

　　然而，Simon 留意到了一個在餐飲中被忽視的關鍵因素——「水」。

Simon 認為：「優秀的餐廳業者會注意到每一個細節。就像廚師會在乎選用的鹽、香草、菜單上的葡萄酒一般，即使『水』只是看似不起眼的配角，但它必定是餐飲體驗中的一個關鍵部分。」

當時，紐西蘭頂級餐廳提供的礦泉水僅限於歐洲進口品牌。Simon 認為，如果紐西蘭擁有來自當地風土的優質礦泉水，理當和當地的優質葡萄酒佔據同樣關鍵的地位，於是，Simon 開啟了尋找優質水源的旅程。

Simon 希望他找到的水源要具備兩個關鍵條件。

第一，在飲用上安全無虞，而且是自水源地運輸裝瓶後即可直接飲用的水源；第二，該水源必須具有礦物質風味特性、口感清新，同時不會干擾用餐體驗。

Simon 花了整整一年時間，在考察一百五十多個水源地後，選擇了符合他要求的少數幾個水源，終於形成了一份候選名單。這時候該怎麼進行下一步的挑選呢？Simon 決定

▲ 紐西蘭 Antipodes 礦泉水品牌創辦人Simon Woolley。

邀請他的友人、同時是紐西蘭首位葡萄酒大師 Michael Brajkovich MW，以及隸屬於 Kumeu River Wines 釀酒廠、對紐西蘭葡萄酒產業頗有貢獻的 Paul Brajkovich。

既然邀請了有力的夥伴，又該怎麼評估水源的風味特性呢？兩位夥伴決定將最優質的夏多內白葡萄酒倒入杯中，與 Simon 提供的礦泉水一同品嚐，三人一起品評，並延伸出許多對話，包含討論酒與水之間的搭配，例如礦泉水的風味特性與平衡性，會是在搭配葡萄酒時考量的重

點。除此之外，Michael 與 Paul 都認為，帶有細緻風味的礦泉水具有其優勢，不僅能帶來清新宜人的口感，亦有助於潔淨味蕾。除此之外，他們也傾向具有層次口感的水，因其在與葡萄酒搭配時，能展現出相輔相成的效果。

Simon 認為，該次與兩位夥伴的品評經驗、那場令彼此深具啟發的對話，可以說是他最終選擇安蒂波迪斯水源的主要原因。

選定水源後，Simon 將水樣送檢，以了解其中的礦物質成分和品質，他也將分析報告分享給一群餐飲同業，以得知他們對這支礦泉水的看法，結果獲得了餐飲同行非常正向的回饋，這讓 Simon 更具信心。終於，2003 年，Simon 買下了水源地週邊的土地，正式創辦了安蒂波迪斯礦泉水品牌公司，下一步就是將優質的水源裝瓶、上架販售。

安蒂波迪斯礦泉水的誕生看似順遂，然而，當時對於紐西蘭大部分餐飲業者而言「Water is water.（水就是水）」。大多數人對於礦泉水的理解很有限，更遑論堅持使用特定品牌的礦泉水了。在這一點上，Simon 遭遇了困境，他開始意識到教育對品牌成功至關重要。

於是，Simon 開始舉辦水培訓課程，對象包含餐廳員工、葡萄酒評論家與媒體，從讓他人了解礦泉水是什麼、礦泉水與一般水之區別開始，逐漸有了好的迴響；而後，Simon 又進一步舉辦了品水活動，他挑選了來自世界各地的礦泉水，向大家解說礦泉水的風土條件，也就是礦泉水是如何受到其流經的地下岩層影響，使得水的風味有顯著變化。延續至今，水的推廣教育，仍然是安蒂波迪斯非常著重的一環。

那麼，安蒂波迪斯礦泉水究竟有哪些特點呢？

首先是安蒂波迪斯的水源位置，它位於地下 327 公尺處、是紐西蘭最深的地下含水層，該水源的年齡經碳定年測定為 60 至 300 年，由於處於無人接觸的地下深處，使其得以保持純淨。

安蒂波迪斯礦泉水的 pH 值為 7.0，總溶解固體量（TDS）為 130 毫克/公升，屬於低礦物質水，不過其中礦物質「矽」含量特別突出，這是由於其流經的地下岩層屬於熔結凝灰岩（Ignimbrite Rock），其中的主要成分是石英，正是該水源中礦物質矽的來源，礦物質矽也為這支水帶來滑順、好入口的體驗。

歸功於創辦人 Simon 對「水」的前瞻眼光,安蒂波迪斯礦泉水得以誕生,然而安蒂波迪斯礦泉水的特殊之處不僅在於口感,它同時也是全世界第一支取得「碳中和(Carbon Neutral)」認證的礦泉水。你大概很難想像,Simon 竟然能在距今二十多年前就如此重視永續的價值。

　　自 2007 年以來,安蒂波迪斯礦泉水持續通過第三方機構的零碳排認證,如今在製程上也達到 100%運用再生能源,並採用「Bottle to Order(按需裝瓶)」流程,也就是根據訂單進行裝瓶,讓珍貴的水資源儲存於地底,不作無謂的抽取。種種行動都宣示了安蒂波迪斯品牌對環境保護的決心,也讓 Simon 為瓶裝礦泉水寫下歷史新頁。

▼ 紐西蘭安蒂波迪斯礦泉水裝瓶廠,於距今二十多年前建築時就以節能、環保為核心理念。

為了撈起那一口，
不惜搭破冰船來到世界盡頭
挪威斯瓦巴蒂Svalbardi北極冰山水

斯瓦巴蒂 Svalbardi 之名，源自挪威的斯瓦爾巴群島（Svalbard），這座島位於北緯79度、距北極點一千公里處，雖然總面積達到兩個台灣大小，其中卻有六成的土地都被極地冰川所覆蓋，是個北極熊比人還要多的靜僻之地。在這遺世獨立的天然環境裡，這支北極冰山水是如何被發現的呢？

斯瓦巴蒂品牌創辦人 Jamal 是挪威裔美國人，目前定居於挪威。2013 年時，他第一次到訪位於挪威最北端的斯瓦爾巴群島，當時他彎下腰，打算收集一些乾淨的冰川融水喝，沒想到意外好喝，於是他在回程時也決定帶一點給妻子，讓她泡一杯最愛的花草茶，沒想到這個契機，使他踏向更深入的旅程。他決定寫信詢問挪威政府，是否有機會將冰川水裝瓶販售。

當時是 2014 年初，挪威政府認為 Jamal 有些異想天開，因為沒有人詢問過類似的問題，所以並不積極回應他，但是 Jamal 並不死心，持續與官方溝通，過程非常耗時，後來，他終於獲得同意。首先，Jamal 利用一艘帆船，展開最初的探索之旅。隔年，他聘請專業團隊，並租用了名為 Ulla Rinman 的破冰船，進行第一次的冰山水採集，沿著

▲ 來自挪威斯瓦爾巴群島的斯瓦巴蒂北極冰山水，極美的瓶身由火石玻璃製成，木質瓶蓋則源自永續森林。

▲ 創辦人 Jamal 聘請專業團隊搭乘破冰船 Ulla Rinman，在一片汪洋中打撈適合的冰山碎塊。

斯瓦爾巴群島的海岸航行 600 多公里，並成功撈起了來自五處、共十四個冰山碎塊，並送往化學檢驗，結果發現該冰山水的品質穩定，而且幾乎沒有汙染，連檢驗單位都好奇是來自何處的水源。

Jamal 向官方報告檢驗結果後，又再次向政府提出取水許可。由於挪威政府沒有取冰山水裝瓶的前例，也缺乏相關的法規框架，於是政府要求 Jamal 必須符合所有環境保護規範，例如在採集冰山水之前，必須提供航程計畫；在採集冰山水時，只能在政府允許的區域

▼▶ 斯瓦巴蒂北極冰山水的來源為自然落於海中的大型冰山碎塊，美麗一如水晶。

CHAPTER 5　水之魅力 —— 從國際水品牌故事，看見水的更多風貌　153

航行；只限撈取自然落入海水的冰塊，不得進行任何額外開採，以免當地生態環境遭受破壞；在採集冰山水後，必須提供檢驗報告，以及實際的航程紀錄等。Jamal 也盡可能讓政府了解其未來的採集規劃，讓當局能夠判斷 Jamal 是否有任何需要遵守的新規範，在大量繁瑣流程與溝通下，他最終和政府建立了信任關係。

可想而知，取水的過程非常艱辛，加上當地沒有瓶裝水相關產業經濟體，因此從出隊、採集到裝瓶，在在疊高了這支水的生產成本，Jamal 也只能配合政府的限制條件且戰且走的取水，並且透過其獨家技術，保存這支水的天然成分和原始口感，斯瓦巴蒂北極冰山水終於得以問世。

種種限制，卻也使得這支水獨樹一格，自 2015 年起開採、上市以來，雖然價格不斐，年產量也僅一萬三千瓶，卻已迅速躍升為一支全球知名、具指標性的水。不過，在 2021 年時，Jamal 表示，由於供應商違約、資金調度問題，不得不停止生產與販售斯瓦巴蒂冰山水。

那麼，這支水的風味如何呢？它的 TDS 非常低，約在 4～5 毫克／公升，由於它是冰山融水，因此口感就像剛飄落的雪花一般滑順清透。

▼ 由於北極圈內有永晝與永夜的時期，因此 Svalbardi 北極冰山水曾特別為在永夜時採集的冰山水，推出一款限定版瓶身。

BOX | 身價翻漲60倍的傳奇之水

還記得在 Svalbardi 北極冰山水尚未完售之前，單瓶售價大約是一百歐元。根據我們的了解，當時有些品茗愛好者甚至會特別購買這款水，用來沖泡高價茶餅。對他們來說，一杯茶的極致，從茶葉延伸到了水源。

自從 Svalbardi 在 2021 年宣布停售後，我們就經常收到詢問：「還買得到那瓶北極水嗎？」2022 年時，這款水在二手市場的價格已飆升至每瓶約 300 歐元。來到 2025 年，Svalbardi 原廠網站上發布了令人瞠目結舌的消息：最後一批生產於 2020 年的「Jade Edition」全球僅剩 12 瓶，每瓶定價高達 6000 歐元，折合台幣超過 20 萬元。沒錯，你沒看錯——整整漲了 60 倍！

這究竟是行銷話術操作得當的精品神話？還是真正反映了「物以稀為貴」的市場現實？或許答案就在這些年，我們看著一瓶水從「價格合理的奢華」走向「可收藏的傳奇」的旅程裡。

Column ｜ 美得驚豔！日本學者眼中的水雪花

目前的科學發展，我們仍然尚未釐清水的完整全貌。因此有一群人對此非常著迷，展開了更多對水的觀察與研究。

從科學角度來看，萬物由分子構成，分子之間有頻率振動，不同物質的頻率也會相互影響。經過日本學者江本勝的長期觀察，水也不例外。江本勝在實驗中發現，水接觸不同音樂、文字後，竟會呈現不同的結晶形態，這一發現引發了對水與能量互動的廣泛討論。

最初，江本勝只是好奇水的結晶體模樣，於是將同一種水分別滴在 50 個玻璃皿中，透過顯微鏡觀察其分子狀態。讓他驚訝的是，每滴水的結晶形狀都不同，有些甚至無法形成結晶。這讓他開始思考，水是否沒有固定結構？是否能接收並記憶頻率共振？如果水能夠回應外界能量，那麼人類的頻率與水之間是否也會產生互動？

於是他突發奇想，打算「讓水看字」，測試水的結構體是否改變。他將兩張分別寫了「謝謝」和「混蛋」的紙張，字面朝內貼在兩杯水上，沒想到結果令人驚訝——看了「謝謝」的水，在顯微鏡下呈現清晰、美麗的六角形結晶；而看了「混蛋」的水，則出現不規則、紊亂的結晶。即使改用不同語言測試也一樣，只要是例如「謝謝」等正面的詞彙，水結晶就會完整清晰；但如果是負面話語，例如「傻瓜」、「宰了你」等，水結晶就會雜亂、不成形。

這些結果讓江本勝相信，水能反映人類給予的能量。對水散發正能量，我們也會獲得正向反饋；相反地，傳遞負能量時也是如此。

江本勝的好奇心沒有就此消退，他繼續測試了水對音樂的反應。首先，他讓水聆聽不同類型的音樂，發現在播放貝多芬《田園交響曲》、莫札特第 40 號交響曲等名曲時，水的結晶體呈現優雅、細膩且獨特的形狀。然而，在播放低俗歌詞的重金屬音樂時，結晶就變得破碎、雜亂，與看到負面詞彙的反應極為相似。

　　這些研究持續了六年，江本勝透過顯微鏡拍攝了無數水結晶的影像，並出版了一系列著作，在日本熱銷，並被翻譯成 20 多種語言，光是在台灣就創下 90 多刷的超銷售紀錄。雖然沒有直接的科學依據，但我們認為這些研究相當有趣，透過江本勝細緻的觀察和紀錄，世人才得以看見水還有如此令人驚豔的風貌與魅力。

CHAPTER 6

水之師

品水師角色與專業發展

The Water Sommelier

你會和外國人形容「養樂多」風味嗎？
品水師的角色本質與職能提升

　　品水師是對水有深入了解的職業，不僅懂得水在物理與化學上的變化，也要具備基本的營養學知識，但品水師不會自詡為科學家，也不會化身醫師或營養師，那麼，品水師的角色本質是什麼呢？

　　如果把品水師的角色化為三個關鍵字，我們認為是「**服務、品評、顧客連結**」。其中，和顧客的連結尤其重要。客人對於這次用餐的期待是什麼，是想慶祝特殊節日？還是下班放鬆簡單吃個飯？品水師要從短時間的互動中，了解客人的用餐目的、飲食偏好、心情與期待，再依此推薦適合的水。

　　很多人好奇：「只要上完品水師的課，就能變成專家嗎？」我可以直接回答你──「當然不是」，要成為專家的路還很長。

　　上完課、取得了證照，其實只是代表對水有足夠的基本知識，懂得該往哪個方向精進專業能力、自我成長，換句話說，入了門修行在個人，接下來才是學習的開始。取得證照並不代表就是品水專家，**你的專業能力，始終取決於在現場的應用能力及實戰經驗，以及你所推薦的內容、敘述方式，能否確實傳達給服務的對象**。

　　專業能力會隨著「**個人的練習**」、「**生命經驗的豐富度**」、「**敘述詞彙的累積**」而逐漸增加。為了提升專業能力，我們可以試著從以下幾點開始著手。

　　首先，基本功就是「**寫品水筆記**」。練習記錄水的風味，還有其礦物質成分、風土條件、誕生故事、品牌發展歷史、獲獎記錄等，不僅能夠擴大腦海裡的資料庫，也讓我們對於水的理解更深更廣。

　　除此之外，也要**多方嘗試各種食物，豐厚自己的生命經驗**，這樣當我們談到味道的層次時，才能夠去品、並提出敘述。例如不同品種的茶葉、不同釀造法的酒有哪些差異，我們品得出來嗎？如果不了解主角的特色，該

如何知道以什麼水去搭配、支撐、展現主角？所以，對於品水師而言，學習跨領域的專業知識，以及增加相關的實戰經驗都非常重要。

最後是<u>詞彙的累積</u>。想像一下，當你形容某種氣味是森林的氣味時，對於一個長期生活在都市、不常接觸大自然的人，是不是很難理解？同樣的道理，同一個詞彙遇到不同文化背景的人，也可能聯想到完全不同的體驗。例如台灣人聽到「絲綢Silky」口感，多半認為是柔滑、滑順的，但絲綢Silky對某些外國人而言，反而是沙沙的、帶點粗糙銳利的感覺，很神奇吧？

關於這一點，很有趣的是，<u>基於每個地區文化、生活習慣，加上每個人生命經驗的差異</u>，即使是相同的詞彙，也可能被賦予截然不同的解釋。養樂多和優酪乳就是很好的例子，它們的風味不同，但在大家的童年記憶裡可能都擔任相似的角色。有的孩子喝養樂多長大，有的孩子喝優酪乳長大，因此我們敘述時的象徵物，必須吻合對方的文化背景才行。

身為品水師，擁有夠多風味描述詞彙，才能迅速、容易選擇適切的用語，讓對方透過你的敘述，想像他可能經歷的體驗。我們透過專業知識來提供顧客搭配建議，透過水，讓主角更能完美展現，並且兼顧顧客當下的心情、想要的體驗，來成就精緻的餐飲體驗，那才是我們品水師的角色本質。而你能不能成為這個領域的大師級人物？有賴於實戰經驗的累積，以及是否持續精進自己。

◀ 對西方小孩來說的優酪乳，和台灣小孩的養樂多意義相近。

取得百萬年薪的入場券
品水師的職涯發展

「品水師」的英文為 Water Sommelier。Sommelier 一詞原意指的是熟識產品、懂得服務及銷售的飲品專業人員。例如，品水師需具備對水的專業知識，品酒師要了解各類酒品，品茶師則精通茶葉。但隨著飲品文化的演進，Sommelier 的角色早已不再侷限於單一領域，而是逐漸發展為一位橫跨不同飲品類別的全方位飲品專家。這就讓品水師、品茶師、品酒師能夠有所突破，角色可以更加多元。

如果場景在餐廳，可以說是廚房有主廚統整食材與烹調、外場有品飲師掌握飲料單，包含酒精及非酒精飲品。身為飲品專家，品飲師和主廚的對話，能創造出千變萬化的餐飲搭配，促成一次次精緻的餐飲體驗，所以如何服務、如何品評與了解產品、如何做好銷售與推薦以符合客人期待、提供精緻用餐體驗，這些都是品飲師的工作重點。

在台灣，品水師的發展也是如此。水在餐飲中是舉足輕重的綠葉，==水可以提升餐點和其他飲品的體驗，讓食物透過水的影響提升風味，達到最好的展現==。因此，許多本來就擁有茶、酒、咖啡等相關背景知識者，也會想再取得品水師證照，以增加自己的優勢。

除此之外，包含水相關產品的品牌方、進口商、業務銷售或行銷人員，也會為了更了解水而來進修；有些餐飲從業人員則想透過考取證照，成為在第一線服務的品水師；也有醫師、營養師，為了進一步研究水和健康的關聯而來進修。

談到職涯，大家都會很好奇品水師的薪資，問我們是不是取得證照就等同於坐擁百萬年薪？**確實有取得百萬年薪的品水師，但是，薪資的多寡，實際取決於你的專業能力，而不是在於取得證照的那一刻**，後續的努力和經驗累積更重要。取得證照不代表身價就是年薪百萬，也不代表就是專家，終歸一句，**學習是永無止盡的**，取得證照後，還有好長一段路要走呢。

▼ 水在餐飲中的角色越來越鮮明。

如果你也想成為品水師
國際品水課程與特色

如果你也開始對水感興趣，想要更深入認識水、甚至成為品水師，有哪些管道呢？以目前而言，德國的 Doemens Academy 和美國的 Fine Water Acadamy，是全球目前最大的兩套品水課程系統，此外，歐洲的義大利、亞洲的日韓等地也有相關課程，但偏向短期或基礎課程。而我們身在台灣，非常令人振奮的是，在開平餐飲學校，中文版的品水師證照課程已於2018年在台推出。接下來，我們就逐一說明這全球三大品水課程系統。

Doemens Academy
德國杜門斯學院

英文、德文、西班牙文、中文授課

首先要介紹的課程系統，就是我們師從的德國杜門斯學院，其創辦人為 Peter Schropp 博士，食品化學專家出身的他，在這所百年釀酒學校服務多年，在研究過程中，他發現以不同的水釀造啤酒，啤酒的風味也會隨之不同，於是開始鑽研水的差異，

▲ 在德國上課時的照片，水的世界學無止盡。

時間長達十年以上，直到 2010 年，德國當地才首次開設以德文授課的品水師認證課程；到了 2016 年，則進一步推出以英文授課的品水師認證課程。Peter Schropp 博士除了是課程主要創辦人，也和同事一起親自授課。

由於 Peter Schropp 博士的化學家身分，因此杜門斯學院的課程更著重於科學角度，而非餐飲應用層面。透過嚴謹的科學觀點探討水、了解水，例如水中各種不同離子的結合，對於水會產生什麼變化以及其原因，很適合具備物理、化學基礎知識的人。

相關課程資訊
（英文網站）

Kai Ping Culinary School
台灣開平餐飲學校　中文授課

開平餐飲學校自 2018 年開設了「開平品水師國際證照課程」，這是目前全球唯一的中文版品水師認證課程，也是開平餐飲學校與德國杜門斯學院獨家合作的課程，將德國品水師認證首度引進亞洲並且聯名認證。

由於我們學校在餐飲應用上有深厚的底蘊，因此課程的設計是以科學角度結合餐飲應用，讓學員能夠更了解如何將品水技巧實際用於業界，包含對水的感官品評描述，以及水入菜、水搭餐的實務應用，這是台灣獨有的課程。我們的課程不是艱深的化學課，但你能夠學習到化學變化的結果，以及對水產生的影響，並與餐飲應用結合。

開平餐飲學校的品水師認證考試，和德國杜門斯學院的標準一致，雖然課程加入了餐飲應用，但並未提高取得認證的難度，只是在課程教學上，會在餐飲應用面說明得更完整與深入，當你通過認證後，會取得開平餐飲學校與德國杜門斯學院的雙認證證照。目前開平餐飲學校已經培訓了超過 90 位品水師（截至 2024 年 12 月），也使得台灣成為全球品水師最密集的地區。

相關課程資訊
（中文網站）

> **BOX | 開平的課程需要面試才能報名嗎？**
>
> 我們的課程網頁上有標示「此課程需經面試」，其實是要請大家在正式報名前，先錄一段影片說明，包含你為何想參與課程，也就是你的報名初衷，以及你未來打算如何運用習得的知識。我們希望學員具有多元性，很歡迎來自各行各業的人報名，並不限於餐飲背景人士。除此之外，我們很重視課程參與度，因此也希望以能夠全程參與課程的學員為主。目前因為課程逐漸擴展至全球，會有其他國家人士來報名課程，因此也分為假日班、平日班，學員可以依自己的需求選擇適合的梯次。

Fine Water Academy
美國環球好水學院　英文授課

環球好水學院（暫譯）是由美國 Fine Water Society 自 2014 年設立，其提供與水有關的一系列課程，由於其創辦人都是餐飲背景出身，所以課程內容特別偏重於實務訓練，而非科學原理的說明，環球好水學院尤其著重感官品評訓練，包含如何敘述你品評的水，以及品評時的各種感受與想法，再延伸至餐飲的應用。

目前課程分為三大類：第一類為「Essential Water Knowledge」，屬於基礎課程，內容涵蓋水的來源、基礎概念，以及全球瓶裝水品牌的初步介紹等，適合對水有興趣、希望建立基本知識的學員。第二類為「Brand Manager Certification」，專為瓶裝水品牌相關從業人員設計。課程分為兩個階段：第一階段為水的基礎知識與核心概念；第二階段則會根據學員所屬品牌量身打造，協助將所學實際應用於現有或規劃中的品牌中。第三類為「Certified Water Sommelier」，屬於品水師認證課程。課程與考試皆採全線上教學，透過教學影片及 Zoom 線上互動授課，適合想進一步成為專業品水師的學員。

相關課程資訊
（英文網站）

掌握品水課程的特色，
做最適合自己的選擇

目前開設品水師認證課程的國家仍不多，不過我們希望透過這本書，一方面讓大家知道，如果你想成為品水師，全球目前有哪些選擇。例如，你選擇德國杜門斯學院，會學習到以深入的科學角度認識水；美國環球好水學院的品水師認證課程，會特別著重在感官訓練，也就是餐飲的風味描述；若你選擇開平餐飲學校的課程，則會學習到結合科學角度和餐飲應用的內容。當然除此之外，也可以選擇日韓兩國的課程，只不過雖然會包含品評、銷售方面的訓練，但因為課程時長偏短，課程範疇會較為廣泛。

想成為品水師，「天分」並不是關鍵因素，沒有餐飲相關背景也沒關係。事實上，沒有天生的美食家，只要你對水有興趣，並接受味蕾上的訓練，學習在品評當中辨識味道與口感，並且願意持續練習與努力，你依然能成為一位品水師。其實我們證照班的學員背景非常多元，包含咖啡師、茶藝師、侍酒師、廚師、啤酒精釀師、產品包裝專家、金融業、家庭主婦、水品牌方、業務銷售、工程師、食品檢驗師、營養師、復健師、醫師、精品銷售人員等皆有，大家來自各行各業，是不是很精彩？甚至也有大學生畢業一、兩年，因為對飲料非常感興趣而報名上課，所以，只要有心想了解水，透過味蕾訓練，人人都有機會成為品水師。

▼ 開平因為是餐飲學校，
品水課程也會著重在與料理、飲品的結合。

水世界的年度盛事
水的指標性評鑑與競賽

當我們為消費者提供選水建議時，產品的「獎項」往往成為吸引目光的焦點。一支水得了很多獎，是否就代表它更優質呢？身為品水師，我們必須清楚了解這些獎項的意義與內涵。因此，本章節將介紹「瓶裝水」相關的主流獎項，以及我們如何看待這些獎項。

這些評鑑不僅限於礦泉水，還涵蓋各種不同類型的水，包含全球性與地區性的指標性評鑑活動。然而，我們希望提醒大家，這些評鑑結果雖然可作為參考，但獲獎並不代表絕對優秀，重點在於品水師、消費者是否真正了解這些獎章、評鑑活動的意義。

當產品通過評鑑，廠商往往會藉此為行銷宣傳加分，讓認證標章成為商品的一大賣點。因此，了解這些標章，也能在選購水時作為實用的參考依據。

那麼，這些評鑑主要從哪些面向來評鑑水呢？

通常，評鑑單位會以「感官特色」為主要評比項目，其中包含了風味：氣味、口感、味道，以及顯著性。顯著性指的是水中礦物質的特色是否清晰表現，例如某種礦物質特別突出，或水中各種礦物質的綜合表現，使其風味展現和諧而迷人，這也是一種出色。

此外，評鑑也會考量其他因素，如整體使用體驗、是否符合目標顧客需求，以及包裝設計（視覺吸引力、材質穩定性、環保訴求）等。接下來，我們將介紹六個以水為品評對象、具知名度的評鑑活動，並依其特性分為三個類別：

品質認證型	根據產品獲得的總分授予等級獎章，無名次排序。
競賽型	設有明確的名次和獎項，有些獎項甚至只選出唯一得獎者。
感官敘述型	不排名次或等級，而是對產品提供感官品評與應用建議。

1 世界品質獎
Monde Selection

又稱「國際品質評鑑大獎」、「世界品質評鑑大賞」，由國際品質研究機構於 1961 年創立的評鑑，範疇涵蓋食品、飲品、美容用品等，甚至細分到氣泡水、礦泉水與風味水。

屬於「品質認證型」的評鑑，分為三個等級：特級金獎 Grand Gold（90～100 分）、金獎 Gold（80～89 分）、提名標章 Nominee（70～79 分），沒有名次排序，只要總分落在該等級，就能獲得認證。

▲ 世界品質獎分為三個等級（取自官網）。

以礦泉水為例，評審透過感官品評了解其氣味、口感、味道。我們知道水中沒有氣味，所以如果沒有氣味，這項就是滿分，但聞到不該出現的氣味時，評審也可能要求產品送檢；在口感和味道方面，評審重視的是顯著性、鮮明性、平衡性、如實性，確認這支水中的礦物質成分整體表現，是不是讓它喝起來很有特色、記憶點。

此外，還會評鑑產品的「包裝」，包含前面提到的產品易用性、包裝材質合適度等，最後還有個分數是評估「整體經驗」，也就是聞過、喝過、嚐過、包裝設計也評估過之後，整體經驗上會給這項產品幾分。簡單來說，這個獎項是從「嗅覺、味道、口感、包裝、整體經驗」這五大向度，由Doemens系統訓練的品水師、風味技術專家一同評鑑。

產品經過評鑑後，廠商端會得到一份評鑑報告，知道專家提供的觀點與回饋意見，得知自己的產品優劣勢，以及如果想改善該從何著手等。目前，台灣有些礦泉水品牌已獲得特級金獎的殊榮，這個標章往往會放在產品標籤上非常顯眼的位置。如果連續獲獎還能獲頒特殊獎盃，代表產品不僅品質優良，穩定性也非常高，是極高的榮譽。

2 風味絕佳獎章
Superior Taste Award

　　設立於 2005 年的國際風味評鑑所（International Taste Institute，簡稱 ITI），是比利時的一個國際評鑑組織，過去曾名為「國際風味與品質評鑑所」（International Taste & Quality Institute，ITQI）。因此，當你看到「ITQI 獎章」時，其實也是指同樣的獎章。

　　這項評鑑主要針對食品與飲品兩大類。水在飲品中，又分為==氣泡水（Sparkling Water）==和==非氣泡水（Flat Water）==，並再細分為弱氣泡、中氣泡和強氣泡三類，有別於「世界品質獎」的分類方式。

　　風味絕佳獎章也屬於「==品質認證型==」評鑑，分為三個等級：90 分以上三顆星；80 至 89 分兩顆星；70 至 79 分則為一顆星。認證後，廠商可獲得分析報告、證書及認證獎章，並能將此標誌應用於產品外包裝，提升市場信任度。

　　「風味絕佳獎章」也設有連續多年獲獎的榮譽獎項，而與「世界品質獎」的不同之處，在於==風味絕佳獎章採用「盲測」品評==，以避免視覺、品牌效益先入為主的影響。評審團隊包括來自 20 多國的 250 多位專業人士，並且為了專於風味品評，主要==以主廚和侍酒師等感官敏銳的專家==為主，會從「==第一印象、視覺、嗅覺、味覺、質地（食物適用）或餘韻（飲品適用）==」五大向度進行評分。

　　以氣泡水為例，嚐到這產品的第一印象是清爽、愉悅、開胃？視覺透明清澈？嗅覺沒有特殊氣味？味覺上，氣泡的細緻度、顆粒大小、密度如何？質地的重量感？也會評估產品在飲用的前、中、後段的變化，例如餘韻是否有苦澀感或回甘等。

▲ 獲得「風味絕佳獎章」認證後，會得到特有的證書與分析報告。

評鑑名稱	世界品質獎 Monden Selection	風味絕佳獎章 Superior Taste Award
評鑑內容	整體評鑑	風味評鑑
評鑑對象	食品、飲品、 美容用品	食品、飲品
評鑑方式	針對產品整體使用上 進行評鑑	盲測風味
評審	由品水師和 風味技術專家組成	全由風味專家組成， 如廚師、侍酒師， 目前不含品水師

▲ 世界品質獎與風味絕佳獎章的簡易比較。

CHAPTER 6 　水之師 —— 品水師角色與專業發展　　**171**

3 德國農業協會品質獎章
DLG Quality Tests

DLG 為「德國農業協會 Deutsche Landwirtschafts-Gesellschaft」的簡稱，評比對象包含了多種食品與飲品，其中水又分為礦泉水、山泉水、餐用水（Table Water，即為台灣的「包裝飲用水」）。礦泉水、山泉水會以礦物質含量及氣泡強度細分；餐用水則單純以氣泡強度──無氣泡（Still）、中等強度氣泡（Medium）、強氣泡（Sparkling）細分。

DLG 獎章在品評上以「外觀、淨度、氣味、味道」四大向度為主。以水而言，水沒有顏色，所以會以外觀的淨度，也就是透亮度來評分；水也沒有太多的氣味，所以在整體分數比重中，味道會是關鍵，但雖說是味道，實際上卻包含了味道跟口感，這也是水與其他飲品明顯有別之處。

DLG 獎章依據「DLG 5-point schedule®（五分計畫）」，綜合各向度評估後，總分為 0～5 分，其代表涵義如下：

分數	品質描述	說明
5	非常好	與其所標示之礦物質成分無偏差。
4	好	與其所標示之礦物質成分有微小偏差。
3	滿足	與其所標示之礦物質成分有中度偏差。
2	不太滿意	與其所標示之礦物質成分有重大偏差。
1	不滿意	與其所標示之礦物質成分有嚴重偏差。
0	不足	無法評估。

接受評鑑後並無排名，因此也屬於「品質認證型」評鑑，產品會依據總分取得不同獎章，分為三個等級──金、銀、銅。金牌的總分落在 4.60～5.00 分；銀牌落在 4.20～4.59 分；銅牌則落在 3.80～4.19 分。除此之外，每個類別都是由五位評審評比，全是來自德國柏林生物技術研究所的科學家，而非風味專家，換句話說，這個獎章是以科學角度，而非風味品評角度來評鑑。這一點也很值得我們作為參考。

▲ DLG Quality Tests 每年評比的金、銀、銅獎。

4 全球瓶裝水大獎
Global Water Drinks Awards

一年一度的競賽，由位於英國巴斯、一間有三十年歷史的食品與飲料諮詢公司 Zenith Global Ltd.所辦理，也是專門評量水的競賽。

然而，自2025年起，Zenith Global Ltd.與FoodBev Media Ltd.合併，並將於2025年5月公布合併後的全新全球瓶裝水大獎。<mark>過去的獎項類別包括：最佳天然礦泉水獎、最佳天然氣泡礦泉水獎、最佳風味水獎、最佳功能水獎、最佳新品牌獎、最佳鋁罐設計獎、最佳玻璃瓶設計獎、最佳行銷活動策畫獎等</mark>，其中還有個很特別的「<mark>最佳水之新概念獎（Best New Water Concept）</mark>」，新概念是指什麼呢？其實範圍很廣，例如新穎的包裝、創新的技術，或者以任何創新方式製造的產品都可以列入。以2023年獲得「最佳水之新概念獎」的礦泉水為例，評審的意見為「強烈視覺設計感，包裝設計高雅，讓人想要收藏；針對獨特客群市場，設計大膽獨特，以消費者為中心，並兼顧環保使用100%再生聚酯（rPET）」，這就是偏向產品包裝設計上的新概念。

雖然全球瓶裝水大獎的獎項眾多，但是每一個獎項只會有一名得獎者，屬於「競賽型」的評鑑活動。<mark>每個獎項會由六位評審評分，其中包含新聞記者、營養學家、感官品評師等不同的專家</mark>，彼此的著眼之處也不同，例如記者從社會觀感、市場定位，以及品牌的社會貢獻度出發，而營養學專家從產品對人體健康的作用與功能價值觀點評比；感官品評師則著重於創新性、風味、口感，因此要得獎實屬不易。

◀ 2023年獲得「最佳水之新概念獎」的礦泉水。

5 環球好水協會 風味品評與設計獎
Fine Water Society Taste & Design Awards

環球好水協會是由Michael Mascha博士在2008年於美國創立。過去熱愛美食與美酒的他，在2002年被醫師告誡必須在健康與美酒間二選一後，轉而投入對水的研究，後來為了創造一個愛喝水的社群，他和餐飲業的夥伴Martin Riese 共同成立了這個協會。Martin Riese 於2011年成為品水師，過去任職於飯店，現在則為美國知名品水師以及餐飲顧問。

環球好水協會成立當年，就在西班牙巴塞隆納舉辦了首屆的風味品評與設計獎（Taste & Design Awards），這也是一個「競賽型」的活動，將水分為四大類：礦泉水、氣泡水（人工添加二氧化碳）、天然氣泡水，以及 Curated Water。其中 Curated Water 是環球好水協會新增的分類，指的是來自天然水源，但經過特定調配後再裝瓶的水，類似於本書前文所提的包裝飲用水。

另外，各項再以礦物質含量細分為「超低礦物質水（TDS＜50 mg/L）、低礦物質水（TDS＝50～250 mg/L）、中礦物質水（TDS =250～800 mg/L）、高礦物質水（TDS =800～1,500 mg/L）、超高礦物質水（TDS >1,500 mg/L）」，所以，像是低礦物質水是不會和中或高礦物質水一起接受評比的。

除此之外，風味品評與設計獎也針對水的包裝設計設立獎項，並以包裝材質分為玻璃材質組、PET塑膠組、鋁罐組、利樂包組。

環球好水協會在評分方面採取十分制，透過盲飲、以味道和口感兩個向度來評比。最特別的是，評審團隊全都是來自世界各地的品水師，而且整個評分過程非常公開透明，由

五至六位評審坐在舞台上，負責提供盲飲水樣的工作人員，會先以黑布包覆瓶身，再倒出水樣供評審現場品評並即時公開評分。隨後，工作人員揭開黑布，讓台下觀眾一同揭曉評分品牌的真面目，整個過程既緊張又精彩。

　　這個獎項還有個獨特之處，就是它關注到<mark>西方人和東方人的味蕾經驗不同，所以在全球各地舉辦比賽時</mark>，例如<mark>在歐洲舉辦，就會請歐洲的品水師作為評審；在亞洲舉辦，則請亞洲品水師評量</mark>。同樣的產品，在不同區域比賽的分數通常會有落差，如果分數很接近，則代表你的產品接受度頗高，適合全球銷售。除此之外，因為所有獎項都是由品水師擔任評審，而且每個獎項只取金、銀、銅各一名，所以如果產品在兩場比賽中都取得了金獎，可說是非常了不起的榮耀。

▲ 環球好水協會針對「風味品評」與「設計」各取前三名。

6　國際品水師協會感官品評評估
Water Sommelier Union Mineral Water Sensory Assessment

國際品水師協會（Water Sommelier Union），是由 Peter Schropp 博士所創辦，Peter 博士同時也是我們的老師。當時 Peter 博士從食品科學角度研究水已經有十多年，直到 2010 年，他才在德國開設了第一屆品水師認證課程，隔年則與學生們共同成立了協會。

國際品水師協會所提供的「感官品評評估」不同於前述的競賽方式，是==以專業品水師的感官品評介紹產品特色、風味與應用，推廣大眾更加認識各品牌產品==，而非以競賽方式選擇品質與好壞。

在這個評估中，會找來==七位品水師==作為品評者，在飲用礦泉水產品後，以「==客觀感官品評敘述、推薦餐酒搭配、其他建議用途==」三大面向給予建議。這份長度落在二至三頁的感官品評評估報告，不會為產品定義等級、名次，而是給予產品的專業分析，同時還能獲得一張證書，以及可用於產品宣傳的國際品水師協會認證標章。

▶ 通過「國際品水師協會」的認證後，除了可以在商品上標示認證標章，也可以獲得詳細的評估報告。

以上就是目前市面上主流的六大評鑑活動，了解不同性質評鑑活動的內涵與特點後，我們就能更認識手上這瓶水，而這些內容，也是品水師不可不知的產品知識。

各項評鑑特點

獎項	類型	說明
世界品質獎 Monden Selection	品質認證型	著重於產品整體性，評審團隊包含品水師和風味技術專家。
風味絕佳獎章 Superior Taste Award	品質認證型	著重於產品本身的風味，評審都是風味專家，多為廚師、侍酒師。
德國農業協會品質獎章 DLG Quality Test	品質認證型	評審全由科學背景專家組成，不含餐飲背景專家。
全球瓶裝水大獎 Global Water Drinks Awards	競賽型	由6名評審評分，含新聞記者、營養學家、感官品評專家等。
環球好水協會風味品評與設計獎 Fine Water Society Taste & Design Awards	競賽型	採品水師公開評審制，所有送樣的廠商都能在現場全程觀看比賽並獲知結果。
國際品水師協會感官品評評估 Water Sommelier Union Mineral Water Sensory Assesement	感官敘述型	不對產品進行評分或排名，品評團隊全由品水師組成，對產品提供清楚的風味描述與應用建議。

▲ 其中 Monden Selection 與 Superior Taste Award 為目前台灣食品中最常見的獎章。

Column | 我們成為品水師後的改變

前面我們談了品水師的角色本質、職涯發展，以及需要具備的產品相關知識，不知道你是否對這條路燃起興趣了呢？其實，成為品水師後的我們，有不少的體悟與改變，以下是我們認為值得與大家分享的部分，或許這些真實的想法與經驗，也能帶給你一些啟發。

品水師 夏豪均 Howard

我成為品水師之後有蠻多改變。首先，我開始非常關心我喝的水，包含是否從中攝取到必要的礦物質？每天的喝水量可否讓身體維持良好運作？因為水喝不夠也會影響身心靈，所以也更關注自己的心情和思緒。

此外，越了解水的價值，越懂得怎麼在不同的身體狀況、環境、心情之下，選擇自己需要的水。也會很想透過每一次的用餐經驗去學習、記錄，所以面對不同的食材、香料等，即使是不太受歡迎的食物，我也會抱持開放的心態多嘗試；遇到隨手可得的食材，也想知道烹調前後的差別，用來豐富我的資料庫。

不僅如此，從學習、取得品水師認證，一直到開課推廣品水，越是去鑽研水、了解水，和其他領域專家對話後，我對其他飲料的興趣也越來越大，所以我也考取了茶的感官品評專業證照、烈酒的 WSET Spirits 證照、葡萄酒的 WSET Wine 證照以及咖啡 SCA、清酒 SSI 證照。

前文曾經提及，品水師要有足夠的實戰經驗，才有辦法和廚師、侍酒師對話，所以對於不同領域注重的部分、掌握的風味原則等，我也不斷受訓、精進自己，才能更清楚水在其中扮演的角

色，並知道如何透過水輔助不同飲品展現風味。如果缺乏對其他領域的知識與經驗，很可能會提出不適切的搭配建議，例如我覺得某支水很好，但是使用它來搭配某支飲料時，卻完全沒有展現該飲料的風味特色，這就很可惜。

除此之外，在和其他領域專家互動時，也常出現對方很了解自己的產品，但是發現搭配的水不太契合，怎麼換都差強人意的情況。身為品水師，我會根據他們想展現的風味挑選適合的水，例如透過水讓飲品的酸甜更加平衡等，每當對方驚訝於搭配的成果時，也會充滿好奇：「為什麼你是挑這支水、而不是另一支？」於是開啟了更多對話的空間，可以互相學習、交流，這也是我成為品水師後非常享受的部分。

在餐飲當中，水扮演著綠葉的角色，但是它可以輔助各種餐飲達到更好的表現。而我不僅是品水師，目前也是台灣侍酒師協會的理事長，推動飲品專家的養成、跨領域的學習，希望凝聚這個產業的力量，提供更多相關訓練、比賽或是認證等，讓 Sommelier 有更多的資源和發展機會，有更多互動與連結，未來，希望讓每一位 Sommelier 都能獲得如魚得水的力量。

‖ 分享有趣的餐水搭配經驗 ‖

(用餐水搭配妝點美好日常 ──
礦泉水與台味零食的新美味撞擊)

我曾經提過一個有趣的案子，當時我希望為「台味零食」找出適合的水，讓大家知道其實平常吃的零食，也能夠透過水更加強它的特色。大家記得選水時的一個關鍵嗎？那就是「水要能幫助餐點發揮風味特色，放大優點，而不是搶戲。」

以甜味、鹹味兩大類零食為例。甜味零食如蛋捲、奶油餅乾、銅鑼燒等，當時我選擇的是口感圓潤、超低 TDS 的水，可以放大食物本身的清甜味。至於鹹味零食，例如大家常吃的洋芋片、鱈魚絲等，則用同樣超低 TDS，但是口感輕盈的水來搭配（例如市面上常見的悅氏鹼性水），輕盈的口感不會搶走風采，還能保留零食本身的香氣，達到口齒留香的效果，此外，鹼性水的較高 pH 值，也能稍微中和零食的鹹度，一舉兩得。

在這次的例子中，因為「超低 TDS 水」有放大所有味道的特性，所以像是甜味、鹹味零食，兩者的味道方向非常明確就很適合，但如果是味道組成複雜、口感濃重的餐點，就要換個選項了。所以，品水師的味蕾世界是既細緻又豐富的！

品水師
吳侑諭 Yvonne

2017 年考到品水師證照後，我似乎就成為大家眼中的「水的專家」，關於水的大大小小問題都會來向我諮詢，例如請我推薦不同的水款、餐水搭配、淨水器推薦等。

我和 Howard 在考到品水師證照的隔年，也就是 2018 年初開始推廣品水生活課程。本來就很愛喝水的我，在準備課程的過程中，不斷思考要如何帶領學員用全新的觀點去思考、重新看待「水」這個議題，如何把「水」這議題講得有趣、吸引人，讓不同領域的人都能了解「Water is more than just water」。與此同時，雖然我在餐飲學校工作多年，本身擁有豐富的餐飲知識，但是對於要教導大眾認識「水」，我認為自己勢必要再進修，才能為課程加入更多新穎的思考點及深度。

水與生活息息相關，要如何將水的知識運用在日常中，這是一個大挑戰。這些年我不斷地進修，幾乎把所有的飲料類證照課程全都上了一遍（茶葉感官品評、咖啡 SCA、WSET 葡萄酒和烈酒、SSI 清酒……等），朋友們都笑我是考證照達人，我卻開心地笑說，我是為了教書而唸書。

這些年我也透過「水」，與不同產業、專業人士合作，做了許多嘗試，像是用不同的水來泡茶、泡咖啡、做料理，這些都是全新的體驗。以理論為基礎，在實務上和各行各業專家一起嘗試、共創、發現，這些經驗都讓我學習到更多，使我們的課程更貼近實務，同時更接近生活。

成為品水師只是一個契機，這契機讓我不斷進修、專心研究「水」這個議題及應用，這個過程總是能讓我感到驚奇，至今，我仍然覺得每天每天我都還是在學習，不曉得水又會為我帶來哪些新的學習和體驗呢？我總是非常期待、興奮地迎接每一個新的挑戰與共創。

‖ 分享有趣的餐水搭配經驗 ‖

（消費者渴望「更好喝的水」——與淨水器品牌的合作經驗）

現在各家淨水器的勝出關鍵，已不在於哪一家過濾後的水更安全無虞，因為已經是必備條件，現今消費者更追求水擁有「好的入口感受」，這時就非常需要品水師來把關。我曾經和某一淨水器廠商合作，當時他們研發出多款不同機型，而我則針對不同機型過濾的水，提供入口的「輕盈度、甘甜度、滑順度、圓潤度、延續度、清新度」六大面向評比，提供我的「口感評鑑」，以及針對該種機型的水提供延伸「餐水搭配建議」。

其中我個人最喜歡的機型，它的特點是「清新度、延續度、圓潤度」特別出色，而我對它過濾後的水的口感評鑑為「輕盈甘醇，尾韻清新悠長」；其餐水搭配建議則是「適合搭配酸度較高的甜品或酒種，如檸檬塔或白蘇維濃，可延長果香層次；料理方面，這樣的水特別適搭魚肉料理，以凸顯食材的細緻清甜、延續鮮味；茶飲沖泡方面，適合搭配文山包種茶，完美展現茶湯的鮮爽甘甜、不留苦澀。」

以上品飲細節與建議，並不是憑感覺喔！是經過實際演練的，我曾經把這個機型的水，試著沖泡台灣特色茶，其中在文山包種茶的沖泡表現特別突出。對於淨水器廠商而言，品水師的意見是非常關鍵的訊息，另一方面，我也希望透過我們的工作，能協助大家擁有更好的生活品質。

CHAPTER 7

水之惑

解答最多人問我的「水」迷思

The Water Sommelier

很多人認為品水師就是水的專家,
所有水的疑問都難不倒。
但其實,水的知識既深且廣,
一路上,我們更多是靠著好奇心探索,以及經驗的累積。
在這個章節中,我們集結了一些關於水常見的疑惑,
包含在受訪、授課時最常被大家詢問的問題,
希望讓大家更認識水與品水師,
並釐清關於生活中的水迷思。

Q1 市面上的瓶裝水都是礦泉水嗎?

A: 在台灣,無論你逛的是量販店、超市還是超商,水多半都放在同一個區域,沒有特別細分,而這些賣場裡的瓶裝水,九成以上都是屬於「純水」,而不是礦泉水。

純水在台灣法規中的正式名稱是「包裝飲用水」,依〈中華民國國家標準 CNS12852〉法規中的定義,是以讓人類飲用為目的,經過消毒、過濾等處理的水,可以天然存在或添加礦物鹽、二氧化碳、氧氣,但不得含有糖、甜味劑、香料或其他食品添加物。如果你仔細觀察純水的瓶身,會發現瓶身上的品名大多寫著「純水(包裝飲用水)」,國際上則標示為「Bottle Water」、「Drinking Water」或者是「Table Water」。

至於礦泉水,在台灣是以〈中華民國國家標準 CNS12700〉來規範,必須來自於地下水源,沒有任何污染(沒有病原體,且各項微生物檢驗符合規範),過程中不能夠透過法規以外的加工處理方法,必須保留其中的礦物質成分與特色。==礦泉水的品名大多會標示為「天然礦泉水」,國際上以「Natural Mineral Water」標示。==

Q2 好水的定義是什麼？

A： 這題是大家必問的一題。但是在我們眼中，水很難論斷好壞，只要適合你的身體狀況和需求，就是好水。走進一間超商，貨架上大概有三、四十款水，價格、容量都不同，以我們的觀察經驗來說，女性多半優先選擇方便攜帶的水，容量少、重量輕、可以放得進包包的水；男性可能會選擇價格最低的水，比較不在意重量。

如果回歸水在人體健康中的角色，水應該具有三大基本功能—運輸養分、代謝廢物、維持身體機能正常運作，只要喝夠量，符合乾淨無污染，能達到這三大功能的水，無論是純水、礦泉水、自來水，都是所謂好水。

如果是身體有特殊狀況的人，對好水的標準也會有所不同。例如，有些礦泉水的某個礦物質含量特別高，比如鈉，這樣的水適合當做運動飲料，可以補充身體流失的電解質，但卻不適合罹患心血管疾病的人飲用。所以我們才會說，好水不是絕對的，依照自己的生活型態、健康狀況、價格預算、口感偏好，選出了適合自己的水，那就是好水。

Q3 瓶裝水有效期嗎？沒喝完如何保存？

A： 瓶裝水的保存期限大多為「兩年」。為什麼水會有效期呢？是因為水也屬於食品，為了符合台灣的食品安全管理衛生法，水須訂定明確之有效期限，以確保產品品質和消費者安全。

實際上，瓶裝水的效期可以分為兩大類，一是礦泉水，二是純水（包裝飲用水）。如果以「礦泉水」而言，水源大多來自數十年前的降雨，部分甚至是來自上千年前的降雨，為什麼礦泉水一旦裝瓶後，保存期限卻僅剩兩年呢？

但是在「純水」的部分，由於製程可以大致分為「過濾、消毒殺菌、添加、裝瓶」四步驟，其中在「添加」時，可能會加入氧氣、二氧化碳或是微量的礦物鹽。實務上，台灣就曾經發生廠商誤將「過期的礦物鹽」加入水中的狀況，導致這批水成為「過期水」。

除此之外，並不是在任何情況下，水都能存放長達兩年。為了維持瓶裝水的品質，也必須留意水的保存，包含瓶身材質、運送方式、儲放環境等。國際上，水的瓶身材質大多是 PET，這種材質的穩定性高，但是如果在運送中受損，遇到高溫、高壓，或者儲放在受陽光直射的場所等，導致化學物質溶出，這時候飲用上就不一定安全了。

建議大家儘量將水置於不會受到陽光直射、高溫、高壓的環境，並且一旦開瓶，儘快在當天飲用完畢，尤其是嘴直接對瓶口喝的，人體口腔中的細菌會汙染瓶裝水，放置一段時間後，細菌就會大量繁殖。

Q4 TDS 越高代表水中雜質越多？

A: 我們想特別澄清這個迷思，是因為部分網頁或淨水器廠商的資訊是有誤的，包含「TDS＝水中的雜質量」、「水的 TDS 越高，水中有害物質越多」、「水的 TDS 越高，越容易形成水垢」等。有些民眾甚至會自行購買「TDS 水質檢測筆」，來判斷家中的淨水器究竟給不給力。

事實上，TDS 並不等於雜質，而是每一公升水中溶有多少毫克的溶解性固體（礦物質）。水的 TDS 越高，只是代表水中礦物質成分越高，有許多進口礦泉水的 TDS 都不低，但飲用上安全無虞。

至於水是否乾淨，是對應水的「純淨度」，也就是水中的微生物、細菌量。純淨度高的水，微生物含量要低於標準限制，不得使人體有致病疑慮。所以，別再讓 TDS 揹黑鍋囉。

Q5 長期喝硬水會造成結石？

A: 水的硬度是指水中的二價金屬陽離子（主要為鈣、鎂離子）濃度，通常換算為碳酸鈣（$CaCO_3$）含量來對應，也就是水中碳酸鈣的含量越高，總硬度就越高。

在台灣，「硬水」似乎惡名昭彰，也有人謠傳「長期喝硬度比較高的水，會導致腎臟、泌尿道系統結石」。但根據世界衛生組織的相關文獻，飲用水的硬度和人體健康並沒有直接關聯，因此「喝硬水會導致結石」的說法並不正確。

台灣的〈飲用水水質標準〉中，規定了飲用水總硬度的最大限值為 300 毫克／公升。但在德國、法國等國家，卻沒有對飲用水硬度訂出法律規範，而是抱持中性或正面態度。我們並不特別鼓勵大家喝軟水或硬水，尤其硬度主要影響的是水的口感，與其執著水的硬度，不妨以喜歡的口感為原則來選水吧！

Q6 常喝鹼性水，身體會變鹼性嗎？

A：「鹼性水」也被稱為電解水、鹼性離子水，是一種透過「電解反應」處理後，使 pH 值高於 7 的水。過去廠商大多會宣稱「鹼性水能調節身體的酸鹼質」，這個說法可以追溯到美國一位自然療法實踐者 Robert O. Young，他在 2002 年時，和妻子一同出版了《酸鹼質奇蹟（The pH Miracle）》一書，書中闡述酸性體質是一切疾病的根源，而我們透過攝取鹼性食物，可以將體質由酸變鹼、恢復健康。這本書十分暢銷，甚至被翻譯為二十多國語言。但是在 2015 年時，作者被病患控告，由於誤信他的酸鹼療法而延誤了癌症治療，最後法院判決 Robert O. Young 賠償。

目前的科學證據指出，我們的身體會自行平衡體內的酸鹼值，我們吃進體內的食物，並不會影響體內的酸鹼值，例如人體血液 pH 值大約落在 7.35～7.45 之間，屬於弱鹼性，即使我們喝下再多的鹼性離子水，人體仍然會維持在弱鹼性的環境。因此，請大家別再以為「喝鹼性水可以調整體質」，我們人體本身就有調節體內酸鹼值的功能，不須外求。

Q7 為什麼嬰兒不能喝礦泉水？

A：嬰兒用水也被稱為母嬰用水，是指嬰兒的飲用水、製作嬰兒副食品或沖泡奶粉等用途的水。因為嬰兒的器官、代謝和免疫系統都還在發展中，無法和成人的身體一概而論，所以在用水上也必須特別留意。

目前台灣法律並未特別規範母嬰用水，歐盟各國對於母嬰用水各有不同規範，像是鈉含量必須在 20 毫克／公升以下，水中的其他礦物質如硝酸鹽、亞硝酸鹽、氟化物以及重金屬如砷、錳、鈾等，都訂有含量上限。

如果嬰兒飲用含有過多礦物質的水，會加重腎臟的負擔，因此台灣醫師往往不建議嬰兒飲用礦泉水，而是建議使用煮沸過的自來水，因為自來水是經過處理、符合水質標準的水。

Q8 口渴時再喝水就好？

A: 你常常口渴才喝水嗎？以一位體重 50 公斤的成人為例,當他「輕微感到口渴」時,其實已經流失體重 1%、也就是 500c.c. 的水分了。

那麼,什麼時候該喝水呢?最簡單的方法是觀察尿液顏色。當體內水分充足時,尿液是透明帶點淡淡的黃色,但如果尿液顏色是深黃色、茶褐色,甚至出現明顯異味時,就要立即補充水分了。除此之外,也建議依照自身的工作環境、身體狀況,以定時定量喝水為原則,例如坐辦公室工作、不需要一直說話的人,可能一小時喝一杯水就足夠;而每天在外跑業務的業務員,可能每三十分鐘就需要補充一杯水。

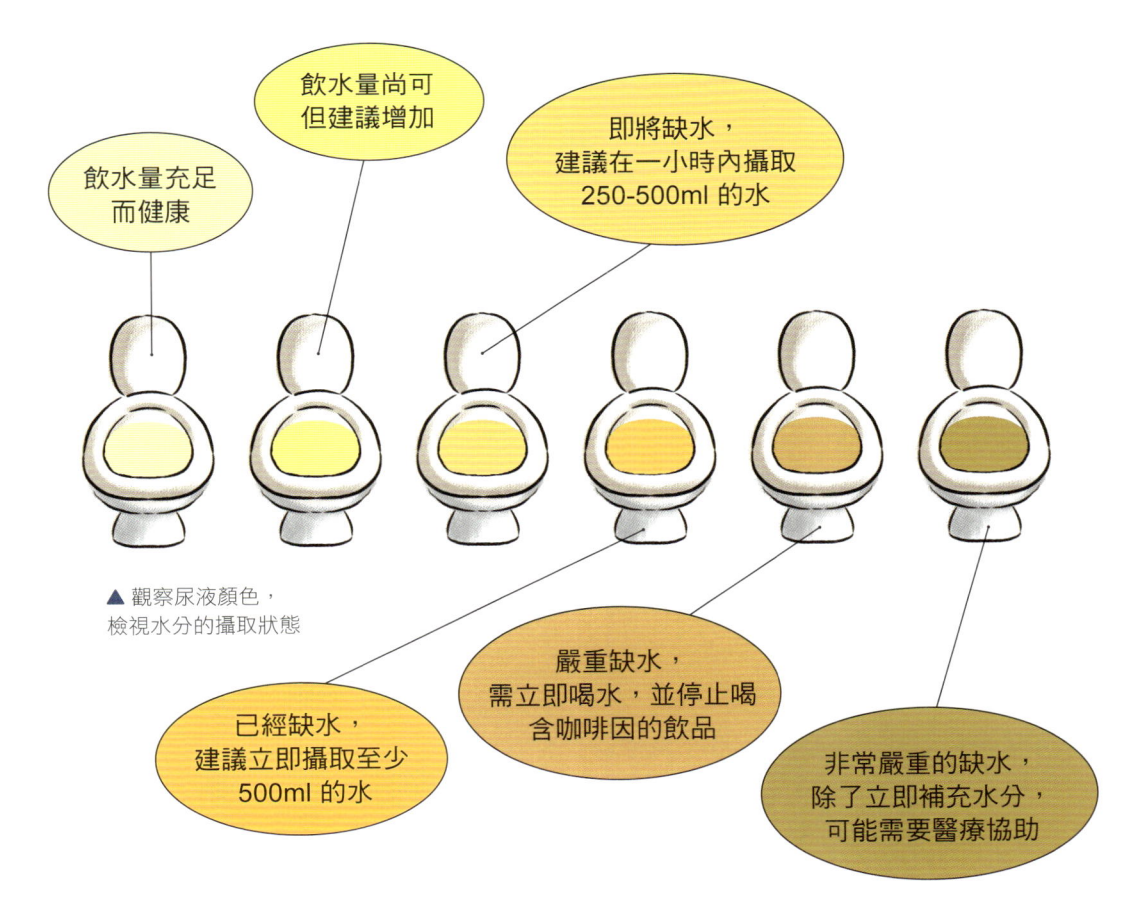

- 飲水量充足而健康
- 飲水量尚可但建議增加
- 即將缺水,建議在一小時內攝取 250-500ml 的水
- 已經缺水,建議立即攝取至少 500ml 的水
- 嚴重缺水,需立即喝水,並停止喝含咖啡因的飲品
- 非常嚴重的缺水,除了立即補充水分,可能需要醫療協助

▲ 觀察尿液顏色,檢視水分的攝取狀態

CHAPTER 7 水之惑 —— 解答最多人問我的「水」迷思

Q9 你知道有所謂的「療癒之水（Heilwasser）」嗎？

A： 在德國，你會見到瓶身上有「Heilwasser」字樣的礦泉水，這是一種比較特殊的礦泉水，Heilwasser 是德文中的專有名詞，而我們稱它為「療癒之水」，我們視其為一種純天然的醫藥產品。

Heilwasser 是怎麼出現的呢？它源自於溫泉水，歐洲從中古世紀開始，就有一些水療場所，例如在捷克、匈牙利、德國的重點城市，存在不少的溫泉浴池，慢慢地，有些醫師開始思考，這類水除了身體浸泡以外，是不是可以飲用？喝了之後發現，這類水對於某些疾病具有一定療效，漸漸地也就發展為廣為人知的「療癒之水」。雖然這些水的共通點是礦物質成分偏高，所以口感大概不是那麼討喜。

在德國，Heilwasser 除了符合一般礦泉水的基本規範，還必須符合藥品法規，德國的水廠商如果想將自己的商品標示為「Heilwasser」，必須向當地的聯邦藥品暨醫療器材管理署申請，並附上證明文件佐證其功效，單位審核通過後，水廠商還必須在瓶身標籤上標示「水的礦物質成分、適用疾病和對象、副作用、適用劑量、使用說明、忌用與禁用對象」等，才能標示為「Heilwasser」銷售。

看到這裡，你可能會很自然地認為，那是不是得取得醫師處方箋，或者透過藥局才能購買？其實並不是喔！Heilwasser 在一般商店就能取得，而且飲用療癒之水似乎已經成為德國人生活習慣的一環，例如受便祕所苦的人，可能會去購買具有幫助消化作用的 Donat Mg 礦泉水。

許多國家（包含台灣）目前在法規上都沒有特別規範 Heilwasser，事實上，Heilwasser 在飲用量上有其限制，例如德國 Römer Brunnen 這支療癒之水，它的官方網站上就清楚標示其屬於「Medicinal Water」，建議務必諮詢醫師再決定飲用量，這也證明了它並不適合當做一般日常飲用水。

這類水在外銷其他國家時，除了 Heilwasser，也可能會標示為 Medicinal Water、Healing Water 等，其實都是對應到德國的療癒之水，建議大家到國外旅遊，或者在台灣見到不熟悉的礦泉水時，可以先上官方網站查詢。

Q10 有天然的氣泡水嗎？

A: 雖然大多數氣泡水的氣泡都是後天加入的，但有少部分的氣泡水屬於非常稀有的「天然氣泡礦泉水」。它通常位於有火山活動的岩層附近，因為地底下的壓力讓二氧化碳能自然溶於水中，形成天然的氣泡。

那麼，讓我們反向思考，如果一個水源位於適合氣泡水生成的地質環境，就一定會形成天然氣泡礦泉水嗎？德國的安德納赫噴泉（Geysir Andernach），是世界罕有的 12 座冷水噴泉之一，而且是榮獲金氏世界紀錄、世界最高的冷水噴泉，可以噴射出高達 61.5 米、也就是接近二十層樓高的泉水，非常驚人。

2019 年，我們得知有機會拜訪這座噴泉時，內心非常期待又興奮，因為它直到近年才定期開放給遊客參觀，多麼難得！我們心想，安德納赫噴泉所處的地質條件，表示地底產生的壓力夠大，那麼噴泉中溶入的二氧化碳量想必很可觀，應該能形成天然氣泡礦泉水！結果到現場後，我們滿懷期待嚐了一口，彼此立刻互看一眼、異口同聲說出「欸，沒有氣泡耶！」當下還挺失望的，地底強勁的壓力，卻沒有讓二氧化碳順利溶入水中，而是逸散出去了，令我們大感意外，這次經驗也讓我們再次領悟到，學習果然不能單憑課本的知識，還是要實際體驗才行。

▼ 世界罕有的冷水噴泉——德國的安德納赫噴泉（Geysir Andernach）

Q11 為什麼礦泉水價差這麼大？越貴的水越好喝嗎？

A： 為什麼瓶裝水從每瓶台幣十元到上百萬元都有？這大概可以從兩個層面來理解，一是稀有性，一是瓶身成本。

有些水的產量很少，或者不容易取得，像是挪威的 Svalbardi 北極冰山水，必須要乘坐破冰船、採集有限的冰山碎塊，再以特殊技術保存後裝瓶，並用 DHL 專機空運到世界各地，困難條件的加總下，價格自然往上提升，這是屬於「稀有性」的層面。另外也有些進口水從外觀就能看出身價，例如日本 Fillico 瓶裝水，奢華造型搭配施華洛世奇水鑽，每瓶售價日幣三萬元以上，這是屬於「瓶身成本」層面。

而目前全球最貴的瓶裝水「Beverly Hills 90H2O」，則結合了稀有性與高成本兩個特質，不僅限量販售，瓶蓋更是以白金鑲嵌數百顆鑽石而成，兩瓶水與特製玻璃杯為一個套組，足足要價 10 萬美金！實在讓人大開眼界。

這些設計突出、價格不斐的水，大多是供收藏為主。至於喝起來是否令人驚艷就不一定了。據說市面上有兩支同樣水源的水，僅因為不同的瓶身包裝，價差竟然高達 100 倍，是不是很嚇人！

▶ 珍貴的挪威 Svalbardi 北極冰山水。

Q12 礦泉水限量銷售是飢餓行銷嗎？

A： 有些品牌的礦泉水是限量的，例如法國知名的國王御用水 Chateldon 夏特丹，每年產量僅 300 萬瓶，相較於耳熟能詳的法國 Volvic 富維克、Evian 依雲等品牌，完全是小巫見大巫。其實，礦泉水是否限量銷售，取決於礦泉水的產量。

當廠商想要將水裝瓶銷售，以台灣而言，就必須向經濟部水利署申請水權，其中的使用規範就包含了「最大取水量」的限制。畢竟礦泉水屬於地下水，如果過度抽取，就會有造成地層下陷、破壞水土保持的疑慮。未來的取水量，也可能因為氣候變遷越來越少，除此之外，有些水源地的水回升速度很慢，相對而言水價就會比較高。所以，限量銷售多半不是為了飢餓行銷，只是產量受限的緣故。

▲ 限量販售、法國知名的太陽王御用水 Chateldon 夏特丹。

Q13 品水師都有天生敏銳的味覺嗎？

A: 每個人天生的味蕾細胞數量的確不同，細胞數量越多，味蕾就越敏銳。不過，想要成為出色的品水師，後天的訓練更為重要。

要如何訓練呢？基本可以分為三點，第一是「認識自己的味蕾」，第二是「豐富自己的餐飲經驗」，第三是「去記憶、感受這些味道對自己的意義」。

品水師除了要長期訓練自己的覺察、整理品評食物時獲得的訊息之外，「表達能力」也很重要。必須提升自己的詞彙量，才有辦法具體敘述出品到了什麼，讓聽眾能夠理解、感同身受，甚至和他們的生活有所連結。

如果想成為一位好的品水師，不妨從生活中開始，增加自己在餐飲、生活體驗上的深度與廣度，可以去品評各式各樣的美食、飲料，賦予這些體驗更深刻的意義，讓他們長存在大腦資料庫中，並增加描述詞彙的豐富度，才能更貼切的表達、提供更好的服務，同時從中拓展視野、體驗到更深刻的生活樂趣。

Q14 品水師真的有百萬年薪嗎？

A: 如同前面章節所述，證照只是百萬年薪的入場券，是否能成為大師級人物，在於入門後是否持續精進自己的專業能力。

由於經濟規模和需求量提高，確實有百萬年薪的品水師，但這除了以專業能力衡量之外，還有一點在於工作場域。以餐廳而言，在米其林星級餐廳或一般餐廳工作，薪水自然不同。此外，任職於水品牌公司或貿易公司？服務的公司規模有多大？也都會影響起薪。

在台灣，品水師這份職缺正在萌芽階段，是很新的趨勢，不僅價值逐漸被看見、工作的機會也越來越廣泛。以我們本身為例，除了教學授課，也會以專案顧問形式，和水廠商、高級餐廳合作，工作內容包含對水的品評與介紹、製作餐水搭配的水單、提供餐廳員工教育訓練、舉辦品水會等。此外，我們對一般大眾提供的品水師證照課程也在 2025 年邁向第七年，可以看見目前學員有「跨領域」趨勢，例如品茶師、侍酒師、咖啡師也會前來上課、學習、考取品水師證照，豐富他們的專業能力。

Q15 品水不能用電子感官系統來進行嗎？

A: 感官品評以「人」為本，因為風味的敘述來自人的感受。即使市面上出現了電子感官工具，仍無法完全取代人工作業。

以電子舌、電子鼻為例，這類工具需先分析分子的化學組成，建立電子感官系統的記憶，並輸入大量數據，生成電子指紋圖，再結合產品品質數據，才能協助操作者判斷。然而，它們無法自行判定人類對味道的喜好或耐受度，一切仍需依賴操作者設定條件。

那麼，電子儀器能為人類帶來什麼幫助？主要在於兩個方面：第一，降低人體接觸的風險，例如辨識塑膠遇高溫產生的異味；第二，彌補人類感官的侷限，例如減少品評師味蕾疲乏或身體不適影響判斷。整體而言，電子感官系統是很好的輔助，能突破部分人工限制，但仍須依賴專業品評師來解讀數據。

對品水師而言，工作可拆分為「產品理解、產品應用、產品銷售」三大層面，電子感官系統主要是輔助「產品理解」。例如，電子儀器可偵測各類酒品的味道，佢對於人在不同情境下的感受、個人喜好等就無法判斷了。因此，雖然電子儀器能協助累積數據、分析風味，但是在應用和銷售上，也就是與人的互動中，品水師是不會被電子儀器所取代的。

Q16 地球上 70% 都是水，還需要擔心缺水嗎？

A： 地球有 70% 都是由水組成，但是其中約 97% 是海水、2% 儲存於極地冰層和冰河，真正可以供人類飲用的淡水，只佔總量的 0.6%，來自地下水和地表的湖泊與河川。這 0.6% 的水源，必須供應地球上 77 億人口，再加上氣候變遷的問題，各地降雨量的不足，勢必會影響往後地下水的蘊藏量，所以水資源其實是非常稀缺的。這問題不僅困擾一般民眾，同樣也讓水品牌大廠們非常傷腦筋，對於爭奪水資源造成的國際紛爭，我們也時有所聞。

聯合國的預估報告表示，2025 年，全球有 18 億人口可能面臨水資源缺乏危機，到了 2030 年，可能再增長至全球 50% 人口。聯合國大會在 2010 年就已經通過一項決議，確認「每個人都應當享有乾淨的飲用水和衛生設備」為基本人權，後來這項決議也被納入了永續發展目標（SDGs）中，目標全球在 2030 年前達成。

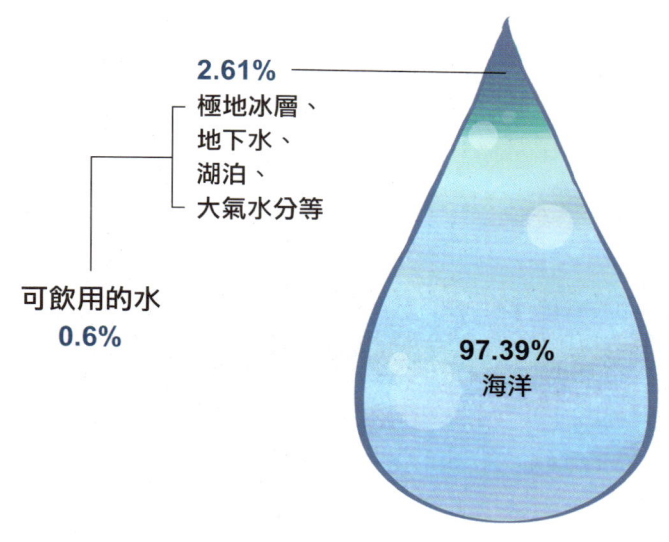

2.61%
極地冰層、
地下水、
湖泊、
大氣水分等

可飲用的水
0.6%

97.39%
海洋

▲ 人類可飲用的水源，只佔了所有水中的 0.6%。

Column ｜ 如何挑選淨水器

台灣很少有直接飲用自來水的習慣，在過去，最傳統的淨水方法，就是將自來水煮沸後飲用，可以消滅大多數細菌和病毒，並去除水中大部分的氯。只是光靠煮沸，比較難去除一些重金屬、鈣鎂離子等礦物質，因此現代家庭常會添購淨水器，也有很多人問我們關於淨水器的挑選問題。所以接下來，我們會分為三個步驟，說明選購淨水器時的注意事項。

第 1 步　你希望過濾水中哪些物質？

首先，你可以透過「台灣自來水公司」或「台北自來水公司」網站，了解自家的用水資訊，再依照居住環境、用水習慣，找到希望去除的水中物質。例如，如果住在使用鉛管的舊大樓，你可能想去除水中的重金屬；經常泡茶，你可能希望去除水中殘留的氯；如果是配有全戶式過濾的新大樓，可能只要把水中的氯、細菌去除即可。接下來，我們會說明淨水器主要運用的四種過濾方法，包含其可過濾的物質、原理以及優缺點。

加壓滲透過濾作用，即 RO 逆滲透過濾法

可過濾物質 ⟶ 細菌、病毒、重金屬、礦物質。

原　理 ⟶ 水分子一般會從濃度低往濃度高處滲透，而 RO 逆滲透法透過馬達加壓，使濃度高的水改往濃度低的水滲透，所以稱為逆滲透。

優　點 ⟶ 目前過濾效果最高的水處理方法，能夠過濾水中 99% 的物質，包含礦物質、細菌、病毒、重金屬。

缺　點 ⟶ 過濾速度較慢。早期 RO 逆滲透淨水器通常附有儲水槽，讓使用者可以更快取得飲水，但是儲水槽佔空間，也有孳生細菌的疑慮，因此後來出現了不需儲水槽的產品，當然價位也提高了。除此之外，RO 逆滲透過程中會產生一定比例的廢水，屬於較耗費水資源的處理方法。

吸附作用，即活性碳（Activated Carbon）過濾法

可過濾物質 ⟶ 農藥、異味、三鹵甲烷、氯。

原 理 ⟶ 活性碳是將木材、椰子殼等材料，經過高溫碳化釋放出水分，再以高溫水蒸氣活化製成，具有多孔性，能吸附水中的有機物。

優 點 ⟶ 除氯和吸附水中有機物，如農藥、異味、三鹵甲烷。

缺 點 ⟶ 無法去除比活性碳孔徑小的細菌、病毒、微生物。

離子交換作用，俗稱「軟水機」或「軟水器」

可過濾物質 ⟶ 鈣離子、鎂離子、部分重金屬。

原 理 ⟶ 以「離子交換樹脂」為過濾材料，可以在硬水通過時吸附鈣、鎂這兩種陽離子，同時釋放出本身的陽離子，達到水質軟化的目的。

優缺點 ⟶ 目前離子交換樹脂有三種類型，有其各自的優缺點。

鈉離子交換樹脂：屬於較早期產品，常見於全戶式過濾，作為環境用水使用，例如洗滌、洗衣與淋浴等，而非直接飲用，由於只需要利用專用軟化鹽即可再生使用，耗費成本較低。

氫離子交換樹脂：多用於淨水器，由於會釋放氫離子進入水中，因此口感喝起來偏酸，費用較高。

氫鈉複合型態離子交換樹脂：用於淨水器，為最新技術產品，費用最高。

紫外線殺菌法（Ultraviolet Rays）

可過濾物質 ⟶ 細菌、病毒。

原 理 ⟶ 以 UV 紫外線燈照射，破壞細菌、病毒等有害微生物的 DNA，使其死亡或失去繁殖能力，達到殺菌效果。

優 點 ⟶ 快速、操作簡易、維護費用低（更換紫外線燈管）。

缺 點 ⟶ 無法去除水中的氯、重金屬、礦物質。

第 2 步 ｜ 確認安裝位置

桌上型

◆ 安裝位置 ◆
安裝於接近水龍頭的位置，並以管線連接水龍頭

◆ 適用對象 ◆
1. 小家庭
2. 檯面空間充足
3. 無法安裝櫥下型淨水器者

◆ 特點 ◆
體積中等，安裝容易，能安裝多種濾芯

櫥下型

◆ 安裝位置 ◆
檯面僅設置鵝頸龍頭，濾芯安裝於廚房流理檯下

◆ 適用對象 ◆
1. 大家庭
2. 兼顧飲用及下廚需求，用水量大者

◆ 特點 ◆
體積最大，但可過濾水量最大，能安裝多種濾芯

龍頭式

◆ 安裝位置 ◆
直接和水龍頭嵌合在一起，不必額外拉管線

◆ 適用對象 ◆
1. 租屋族
2. 廚房檯面狹小者

◆ 特點 ◆
體積最小，但能安裝濾芯數有限，濾芯需經常更換

| 第 **3** 步 | 其他考量項目 |

◆ 插電／免插電型 ⟶ 廚房空間是否有足夠插座？

◆ 是否需提供熱水、 ⟶ 1. 提供冰、熱水功能的機型耗電量較
　冰水功能　　　　　　　高，建議檢視機身的能源效率分級標
　　　　　　　　　　　　示，選擇具節能標章者為佳
　　　　　　　　　　 2. 櫥下型熱水缸需要專人定期清潔，維
　　　　　　　　　　　　護費用高
　　　　　　　　　　 3. 具瞬熱功能的機型須注意安全性，選
　　　　　　　　　　　　擇經過台灣標檢局 BSMI 認證者為佳

◆ 口感要求 ⟶ 建議先試喝過濾後的水，確認是喜歡的
　　　　　　　口感再選購該淨水器

◆ 售後服務 ⟶ 1. 多久需清潔或更換濾芯？
　　　　　　 2. 濾芯費用多寡？
　　　　　　 3. 清潔保養如何進行？

BOX｜關於濾、淨水器的檢驗標示

市面上的淨水器選擇眾多，當你經過層層考量、仍然左右為難時，可以參考通過美國國家衛生基金會檢測、取得「NSF」標章認證的產品，或者選購通過台灣標檢局「BSMI」檢驗規範的商品。

美國 NSF 認證，又可分為「全機」與「零件」認證，零件認證僅代表該零件（通常為濾芯材質的材料安全性測試）符合 NSF 標準；獲得全機認證者，則代表具備材料安全性、結構完整性，並通過濾淨效能測試，能有效過濾或去除水中汙染物，並包含口感測試、新興汙染物測試等繁多項目。

BSMI 是台灣經濟部標準檢驗局的縮寫，政府規定自 2024 年 7 月起，濾、淨水器應符合 BSMI「濾（淨）水器商品飲用水水質檢測技術規範」，取得核發之型式檢驗報告，向經濟部標準檢驗局申請（或換發）商品型式認可證書或驗證登錄證書，才能在台灣市場陳列或銷售。因此購買濾、淨水器前，可注意機身是否有 BSMI 商品檢驗標識。

致謝辭
Acknowledgements

　　本書獻給在這段旅程中曾經鼓勵我們、支持我們以及肯定我們的每一位夥伴。

　　首先，我們要向杜門斯學院（Doemens Academy）的品水師課程創辦人Peter Schropp博士，致上最深的謝意。多年來，Peter Schropp博士致力於水的研究，奠定了品水專業的基礎，書中所分享的知識與見解，皆源自我們在他的悉心指導下所獲得的啟發與學習。

　　我們也衷心感謝Peter Schropp博士在我們開設全球首個中文品水師認證課程時所給予的肯定，並指派我們擔任 Water Sommelier Union 大中華地區代表，這是我們莫大的肯定。

　　同時，我們感謝開平餐飲學校的大力支持。學校不僅提供我們公費進修的機會，更在我們返國後鼓勵我們將所學推廣至校內外，並全力支持我們在台灣推廣品水專業，為餐飲教育注入嶄新的視野和與內涵。

　　最後，感謝所有瓶裝水品牌和進口商、淨水器品牌，以及餐飲業的夥伴們，感謝你們一路以來的支持與相挺，更感謝你們對品水師這份專業的認同與重視。

　　因為有你們，這段旅程才得以如此豐富且意義非凡。

夏豪均
吳侑諭

This book is dedicated to all those who have encouraged, supported, and believed in us throughout this journey.

First and foremost, I would like to express my deepest gratitude to Dr. Peter Schropp, professor at Doemens Academy and the founder of the Water Sommelier Program. His years of dedication to the study of water laid the foundation for the establishment of this program. The knowledge and insights shared in this book are deeply rooted in the teachings we received under Dr. Schropp's guidance.

We are also sincerely thankful for Dr. Schropp's recognition of our efforts in launching the world's first Chinese-language Water Sommelier Certification Program. His trust in appointing us as the Greater China representatives of the Water Sommelier Union is a great honor.

Our heartfelt thanks also go to Kai Ping Culinary School for its unwavering support. The school generously funded our overseas training and, upon our return, encouraged us to share what we learned both within the school and with the wider community. Their support played a crucial role in the development of water sommelier education in Taiwan.

Lastly, we are grateful to all mineral water producers, importers, purification brands, and members of the food and beverage industry. Your support and recognition of the water sommelier profession have been invaluable.

Thank you all for being part of this meaningful journey.

Howard Hsia
Yvonne Wu

參 考 文 獻

1. 飲用水管理條例第三條第二項
2. 飲用水管理條例第五條
3. 飲用水管理條例第十一條第二項
4. 飲用水水質標準第三條
5. 飲用水水源水質標準第三條
6. 飲用水水源水質標準第五條
7. 飲用水水源水質標準第六條
8. 食品安全衛生管理法第二十二條
9. 衛生福利部部授食字第1021350365號公告
10. 台北好水電子報第24期（105年9月10日出刊）
11. 台灣自來水公司第五區管理處
    https://www.water.gov.tw/dist5/Contents?nodeId=8350
12. 台灣自來水公司網站「自來水淨水處理流程示意圖」以及「一般淨水廠處理流程」https://www.water.gov.tw/ch/Subject/Detail/1396?nodeId=776
13. World Health Organization. (2017). Guideline for Drinking Water Quality (4th ed.).
14. European Commission in the Official Journal of the European Union. (2025). List of Natural Mineral Waters Recognised by Member States, United Kingdom(Northern Ireland) and EEA Countries. Official Journal of the European Union.
15. Council Directive 98/83/EC of 3 November 1998 on the quality of water intended for human consumption
16. Directive 2009/54/of the European Parliament and of the Council of 18 June 2009 on the exploitation and marketing of natural mineral waters
17. 中華民國國家標準 CNS 12852包裝飲用水
18. 中華民國國家標準 CNS 12700包裝礦泉水
19. Code of Federal Regulations Title 21 § 165.110 Bottled water.
20. 衛生福利部『山泉水檢出諾羅病毒-煮沸消毒才安全』
    https://www.mohw.gov.tw/cp-16-14760-1.html
21. 衛生福利部食品藥物管　署「國人膳食營養素參考攝取量第八版」。
22. 江本勝（Emoto Masaru）著。《生命的答案，水知道》。

台灣：如何出版社，2005年。
23. 江本勝（Emoto Masaru）著。《水知道答案 1–3》。
台灣：如何出版社，2004–2006年。
24. Doemens Academy, Water Sommelier
https://doemens.org/en/savour-sensory/water-sommelier/
25. 開平學苑，開平品水師國際證照
https://kaipingacademy.org/product/water-sommelier-certification/
26. Fine Water Academy
https://finewateracademy.com/
27. Monde Selection世界品質獎
https://www.monde-selection.com/
28. Superior Taste Award風味絕佳獎章
https://www.taste-institute.com/
29. DLG Quality Tests德國農業協會品質獎章
https://www.dlg.org/en/tests
30. Global Water Drinks Awards全球瓶裝水大獎
https://www.foodbevawards.com/
31. Fine Water Society Taste &Design Awards
環球好水協會風味品評與設計獎
https://www.finewaters.com/fine-water-society/taste-design-awards
32. Water Sommelier Union Mineral Water Sensory Assessment
國際品水師協會感官品評評估
https://www.watersommelier-union.com/assessment-reports/#sensory

台灣廣廈 國際出版集團
Taiwan Mansion International Group

國家圖書館出版品預行編目（CIP）資料

你喝的水其實很有戲！：第一本品水科普概念書！頂尖品水師的「好水」判別、飲用與搭配之道，解開餐飲職人搶著學的風味密碼／夏豪均，吳侑諭著. -- 初版. -- 新北市：台灣廣廈，2025.05
208 面；17×23 公分
ISBN 978-986-130-655-1（平裝）
1.CST: 水 2.CST: 食品分析

427.4   114003137

台灣廣廈

你喝的水其實很有戲！
第一本品水科普概念書！頂尖品水師的「好水」判別、飲用與搭配之道，
解開餐飲職人搶著學的風味密碼

作　　　者／夏豪均・吳侑諭	編輯中心總編輯／蔡沐晨・特約編輯／彭文慧
內 文 插 畫／朱家鈺	封面・內頁設計／曾詩涵・內頁排版／菩薩蠻數位文化有限公司
	製版・印刷・裝訂／東豪・弼聖・秉成

行企研發中心總監／陳冠蒨　　　　　線上學習中心總監／陳冠蒨
媒體公關組／陳柔彣　　　　　　　　企製開發組／張哲剛
綜合業務組／何欣穎

發　行　人／江媛珍
法 律 顧 問／第一國際法律事務所 余淑杏律師・北辰著作權事務所 蕭雄淋律師
出　　　版／台灣廣廈
發　　　行／台灣廣廈有聲圖書有限公司
　　　　　　地址：新北市235中和區中山路二段359巷7號2樓
　　　　　　電話：（886）2-2225-5777・傳真：（886）2-2225-8052

代理印務・全球總經銷／知遠文化事業有限公司
　　　　　　地址：新北市222深坑區北深路三段155巷25號5樓
　　　　　　電話：（886）2-2664-8800・傳真：（886）2-2664-8801
郵 政 劃 撥／劃撥帳號：18836722
　　　　　　劃撥戶名：知遠文化事業有限公司（※單次購書金額未達1000元，請另付70元郵資。）

■出版日期：2025年05月　　　ISBN：978-986-130-655-1
　　　　　　　　　　　　　　版權所有，未經同意不得重製、轉載、翻印。

Complete Copyright © 2025 by Taiwan Mansion Publishing Co., Ltd.
All rights reserved.